DAMPF 44

JOSEF REINECK

Die Diesbar-Schiffsdampfmaschine

Oszillierende, doppelwirkende Zweizylinder-Schiffsdampfmaschine nach John Penn & Sons

Dampf-Spezial

Herausgegeben von
Udo Mannek

Neckar-Verlag • Villingen-Schwenningen

ISBN: 978-3-7883-4117-6

www.neckar-verlag.de

Printed in Germany by Kössinger AG, D-84069 Schierling

Inhalt

Vorwort

Vielleicht ist der Grund für meine spät erwachte Zuneigung zum Dampf und den von ihm getriebenen Maschinen in meiner Kindheit zu suchen: Aufgewachsen direkt an der südlichen Stammstrecke der Schwäbischen Eisenbahn (auch Württembergische Südbahn genannt) gehörte der Geruch von Dampf und Rauch zu meinen frühen Eindrücken in den 1950er und 1960er Jahren. Auch das sonntägliche Sommervergnügen mit Vater und Bruder im „Badezug“ von Weißenau nach Friedrichshafen, wo durch die offenen Waggons das Dampf-/Rauchgemisch wehte, blieb dauerhaft im Gedächtnis. In die gleiche Kategorie der sommerlichen Vergnügen zählten zudem die leider sehr seltenen Ausflüge mit den Bodensee-Dampfern. Ich verbrachte dort die meiste Zeit in der Nähe der durch eine Art Oberlicht zugänglichen Dampfmaschine oder in Betrachtung der mächtigen Schaufelräder. Das Bodensee-Panorama mit den Alpengipfeln im Süden war für mich weit weniger interessant.

Bei meinem 1975 erfolgten Ortswechsel ins Rheinland nach Köln war die Nähe zum großen Strom faszinierend. Nur wenige Meter vom Rhein entfernt wohnend, verbrachte ich Stunden am Wasser. Natürlich war dort die Zeit der Dampfschifffahrt längst vorbei. Selbst die sagenhaften Schleppverbände lernte ich nur noch übers Hörensagen und die Literatur kennen. Dampf und Dampfmaschinen gerieten auch bei mir ins Vergessen.

Durch die Sammlung eines Freundes, die unter vielem anderen auch ein altes Dampfmaschinenmodell enthielt, wurde die Hingabe zu Dampf und Modellbau langsam entfacht. Endgültig verloren – oder besser überzeugt – war ich nach einem Besuch Anfang 2000 in Dresden. Die dort noch in voller Pracht erhaltene und für Passagierfahrten benutzbare Elbe-Dampferflotte begeisterte mich. Es dauerte allerdings noch einige Jahre mit etlichen Zwischenschritten, bis ich mich an die Recherche zur Diesbar-Maschine und schließlich zum Modellnachbau mit Bauplan-Dokumentation entschloss.

Dass das Ganze jetzt in Buchform erscheinen kann, liegt natürlich auch an der speziellen Ausrichtung des Neckar-Verlags und an der redaktionellen Betreuung von Udo Mannek.

Josef Reineck

Zur Historie der Diesbar-Schiffsdampfmaschine

Die Diesbar ist ein 1884 in Dienst gestellter Raddampfer aus der Flotte der „Sächsischen Dampfschiffahrts Gesellschaft". Dieses historische Schiff wird durch eine oszillierende Zweizylinder-Dampfmaschine angetrieben. Als einziges Schiff der Flotte wird deren Kessel noch mit Kohle befeuert. Die Maschine der Diesbar gilt weltweit als die älteste noch im Dienst befindliche Schiffsdampfmaschine für Raddampfer.

Die wesentlichen Teile der Diesbar-Schiffsmaschine wurden zwischen 1836 und 1840 in England von John Penn & Sons gebaut. Im Jahre 1841 erfolgte die Montage der Maschine in den Fluss-Raddampfer „Bohemia" der „Elbdampfschiffahrts-Gesellschaft". Die Maschine erwies sich als so zuverlässig, verschleißarm und langlebig, dass sie einige Bootskörper überlebte und mindestens zweimal umgesetzt wurde, bis sie schließlich 1884 im Schiffskörper der heutigen Diesbar landete. Dort kann die Pennsche Maschine noch immer im Einsatz bewundert werden. Natürlich sind in der langen Zeit von 1841 bis heute etliche Teile der Maschine erneuert worden. Das Prinzip blieb aber stets erhalten. So stellt die Maschine ein Zeugnis der offensichtlich überragenden englischen Ingenieursleistung und Maschinenbaukunst im 19. Jahrhundert dar.

Die Diesbar wurde schon zu DDR-Zeiten als Technisches Denkmal geführt. Im Jahre 2008 wurde die Maschine von der amerikanischen ASME (American Society of Mechanical Engineers) zum „Historic Mechanical Engineering Landmark" erklärt.

Die Diesbar wendet auf der Elbe. Foto: Bernd Hutschenreuther

Auch die Eigentümer des Flussdampfers Diesbar haben im Laufe der langen Jahre gewechselt. So wurde aus „Elbdampfschiffahrts-Gesellschaft" die „Sächsisch-Böhmische Dampfschiffahrtsgesellschaft" dann „Elbschiffahrt Sachsen", dann „VEB Fahrgastschiffahrt Weiße Flotte" und schließlich seit Mitte 1990 „Sächsische Dampfschiffahrts GmbH", genauer „Sächsische Dampfschiffahrts-GmbH & Co. Conti Elbschiffahrts KG". (Das war alles noch vor der Rechtschreibreform und deshalb Schifffahrt nur mit ff. Man beachte außerdem die wunderschönen zusammengesetzten Hauptwörter. Fehlt nur noch die drangehängte Mütze des Kapitäns.)

Warum oszillierende Zylinder?

Bei üblichen Kolbendampfmaschinen erfolgt die Hub-Bewegung des Kolbens aus feststehenden Zylindern (stehend, liegend, schräg). Die lineare Bewegung des Kolbenhubs wird über verschiedene mechanische Systeme in eine Drehbewegung umgesetzt. Eines dieser mechanischen Systeme ist das bekannte Prinzip Kolbenstange, Kurbelstange und Kurbel mit Linearführung und Kreuzkopf, was bei den damals gebräuchlichen stehenden Zylindern zu erheblicher Bauhöhe und hohem Gesamtgewicht führt. Beides ist bei Flussschiffen mit begrenztem Tiefgang und begrenzter Zuladung problematisch.

Im Gegensatz zu feststehenden Zylindern wird bei der oszillierenden Kolbenmaschine auch der oder die Zylinder in eine mächtige Schwenkbewegung versetzt. Das ist für den Betrachter einer derartigen Maschine sehr beeindruckend. Eine Maschine mit stehendem Zylinder gibt da nicht so viel her. An sich bewegenden Teilen sind dort nur die Kurbelwelle und die Übertragungsmechanik zu sehen.

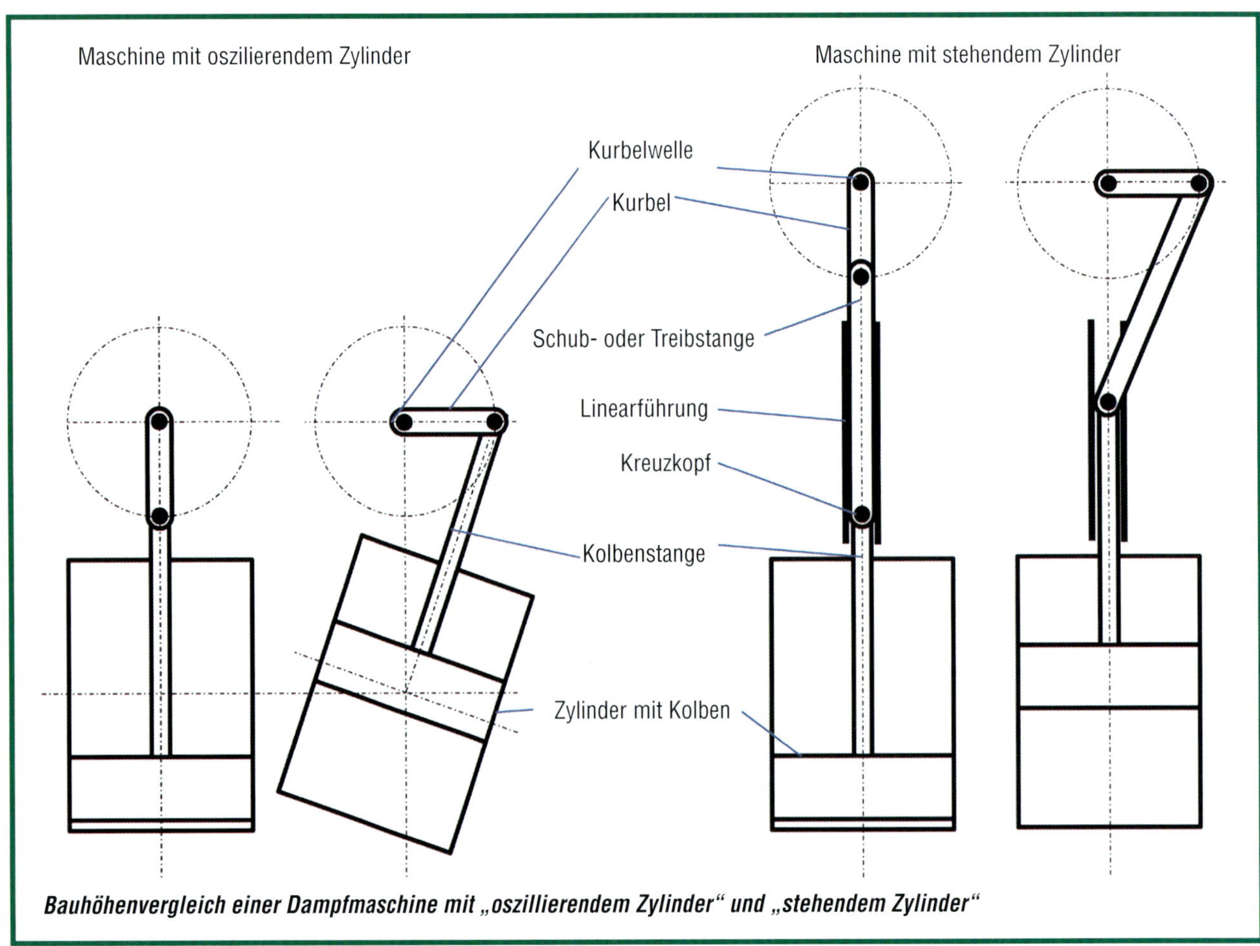

Bauhöhenvergleich einer Dampfmaschine mit „oszillierendem Zylinder" und „stehendem Zylinder"

Die Original-Diesbar-Schiffsmaschine mit den beiden oszillierenden Arbeitszylindern. Mittig die Luftpumpe. Foto: DGM – R. Lahmann

Bei der oszillierenden Maschine ist die Kolbenstange direkt mit dem Kurbelzapfen verbunden. Man spart bei dieser Anordnung die Schub- oder Treibstange mit Linearführung und Kreuzkopf. Das Ergebnis ist eine Maschine mit geringer Bauhöhe und geringerem Gesamtgewicht.

Dass dabei riesige zusätzliche Massen bewegt werden müssen, beschränkt den Wirkungsgrad und logischerweise auch die Hubzahl/Drehzahl derartiger Maschinen. Bei jedem Kurbelhub benötigt man Energie für die Zylinderschwenkung. Trotzdem ist diese Art der Dampfmaschine, nach anfänglicher Skepsis, bei Schiffsdampfmaschinen im Binnenbereich mit begrenzter Einbautiefe ab etwa 1820 häufig eingesetzt worden. Die angesprochene Skepsis bezog sich unter anderem auf vermutete Lebensdauerprobleme im Bereich der beweglichen Dampfzuführungen durch die Schwenklager. Diese Skepsis erwies sich aufgrund besonderer Stopfbuchsen als unbegründet. Außerdem führten diverse Verbesserungen, unter anderem die Erfindung der Steuerkulisse von Mr. Penn, die sogenannte Pennsche Kulisse, zur weiteren Verbesserung des Füllgrads und somit des Wirkungsgrads der Maschine.

Technische Daten der Originalmaschine

Doppelwirkende oszillierende Zweizylinder-Niederdruck-Dampfmaschine mit Einspritzkondensator. Steuerung über Pennsche Kulisse und Muschelschieber. Umsteuerung über „losen Exzenter“

Kolbendurchmesser:	**622 mm**	**Dampfdruck:**	**250 kilopascal**
Kolbenhub Arbeitszylinder:	**686 mm**	**Durchmesser Luftpumpe:**	**ca. 480 mm**
Maximale Leistung:	**110 PS**	**Hub Luftpumpe:**	**ca. 360 mm**
Drehzahl:	**38 U/min**		

Funktionsweise der Pennschen Schiffsdampfmaschine

Allgemein

Die beschriebene oszillierende Schiffsdampfmaschine ist eine doppelwirkende Zweizylinder-Maschine. Die Kurbeln sind um 90° versetzt auf der Kurbelwelle angeordnet. Die Maschine läuft somit in jeder Stellung selbstständig an.

Der zentral in der Schiffsmitte erzeugte Dampf wird in zwei nach außen führenden Leitungen mit Dampf-Absperrventil aufgeteilt und durch die äußeren Schwenklager, dann am Zylinder entlang der Muschelschieber-Steuerung zugeführt. Je nach Kolbenlage und Drehrichtung gelangt der Dampf von dort zu den Enden der Schwenkzylinder und erzeugt so die Kolbenbewegung. Nach dem Arbeitshub wird der teilentspannte Dampf zurück in das Steuergehäuse gedrückt und gelangt von dort an der anderen Seite des Zylinders entlang durch die inneren Schwenklager in Richtung Luftpumpe, wo ein großer Teil des Dampfs im Einsprühkondensator kondensiert. Dampfreste und Leckluft werden über die Luftpumpe in die Feuerung geblasen. Das Kondensat wird durch eine nachgeschaltete Speisepumpe wieder dem Dampfkreislauf zugeführt.

Skizze der Dampfführung am Beispiel des rechten Arbeitszylinders

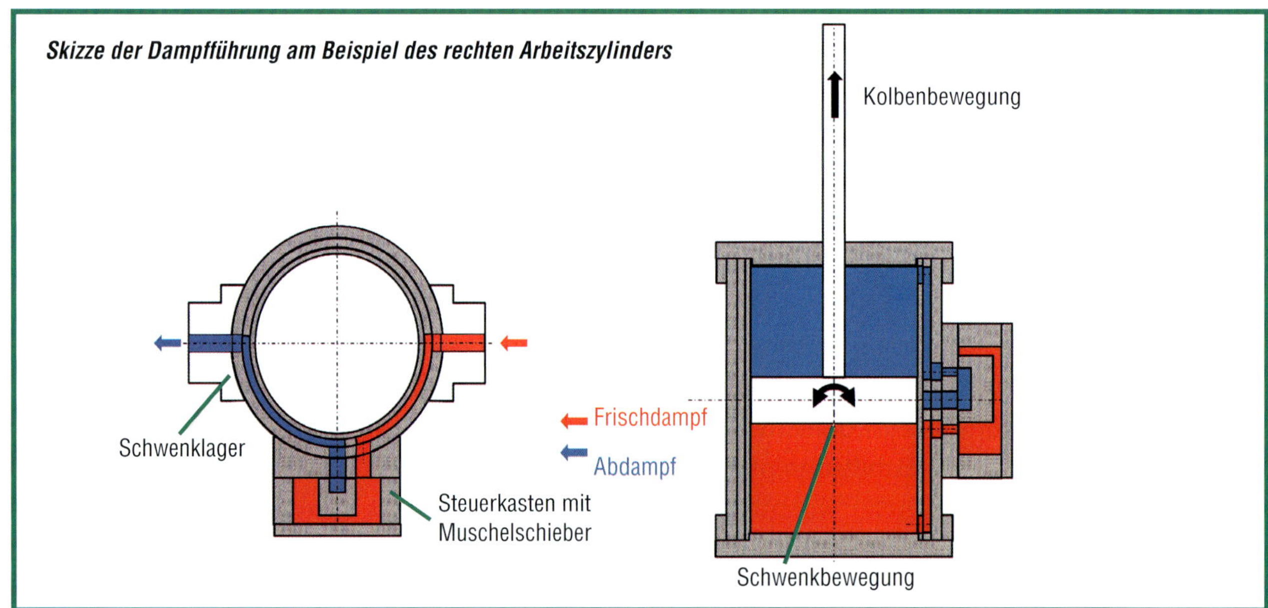

Pennsche Kulisse

Eine Muschelschieber-Steuerung erzeugt an einem Schwenkzylinder ohne weitere Hilfsmittel einen miserablen Füllgrad respektive Wirkungsgrad. Hier brachte die Pennsche Kulisse den Durchbruch zur industriellen Anwendung von Dampfmaschinen mit oszillierenden Zylindern (oder Schwenkzylinder). Dabei wird der vom Exzenter entsprechend der Kolbenstellung erzeugte Steuerhub auf eine vertikal geführte Kulisse übertragen. Der Kulissen-Radius ist gleich dem Abstand zur Schwenkwellen-Mitte. In die Kulisse wiederum greift der Mitnahmezapfen des Schwenkhebels. Dieser ist am Zylinderdeckel bzw. oberen Zylinderflansch befestigt. Das andere Ende des Schwenkhebels ist mit der Antriebsstange des Muschelschiebers verbunden und sorgt so für das exakte Öffnen und Schließen der Spiegelbohrungen. Auf diese Weise wird der Exzenterhub von der Schwenkbewegung des Zylinders entkoppelt.

Loser Exzenter

Die Umsteuerung der Drehrichtung für die Rückwärtsfahrt erfolgt durch einen sogenannten „losen Exzenter“. Diese Art der Umsteuerung war in den ersten Jahrzehnten des 19. Jahrhunderts populär. Danach wurde sie von moderneren Umsteuerarten (hauptsächlich Stephenson-Umsteuerung) verdrängt. Bei der losen Exzenter-Umsteuerung sitzt der Steuerexzenter lose auf der Kurbelwelle. Er besitzt einen Mitnehmerstift, der vom fest auf der Kurbelwelle sitzenden Gegenstück mitgenommen wird. Der Mitnehmer kann bei zwei um 180° versetzten Stellungen auf den Mitnehmerstift am Exzenter eingreifen. Bei Stillstand der Maschine kann durch Ausklinken der Verbindung Exzenter/Kulisse die Kulisse über einen langen Handhebel von Hand bewegt werden und somit auf beiden Zylindern eine beliebige Steuerrichtung/Drehrichtung vorgegeben werden.

Vorgehensweise beim Umsteuern

Durch Schließen der beiden äußeren Dampf-Absperrventile wird die Maschine zum Stillstand gebracht. An beiden Zylindern wird nun durch Betätigen der Ausklinkhebel die Exzenterstange ausgeklinkt. Jetzt wird mit dem großen Umsteuerhebel von Hand die Gegenstellung angefahren. (Vorher oben nun unten bzw. umgekehrt. Ein Hebel in Mittelstellung bleibt in Mittelstellung.) Jetzt werden die Dampfventile wieder geöffnet und die Zylinder bewegen die Kurbelwelle in die Gegenrichtung. Der Ausklinkhebel wird wieder (in Bewegung!) zurückgenommen und verriegelt dann selbstständig die Exzenterstange.

Anmerkung: Sowohl die Umsteuerhebel als auch die Ausklinkhebel sind ständig im Eingriff und bewegen sich auf und ab. Das bedeutet besonders im Falle der langen Umsteuerhebel größte Vorsicht beim Bedienen der Maschinen. Wahrscheinlich sind diese Gefahrenquellen und eine durchaus mögliche Fehlbedienung die Ursachen, welche zum Verschwinden von derartigen Umsteuerungen führten.

Skizze des Steuerungsprinzips beim Rechtslauf/Linkslauf. Man beachte den Anschlag der Mitnehmerscheibe an losem Exzenter

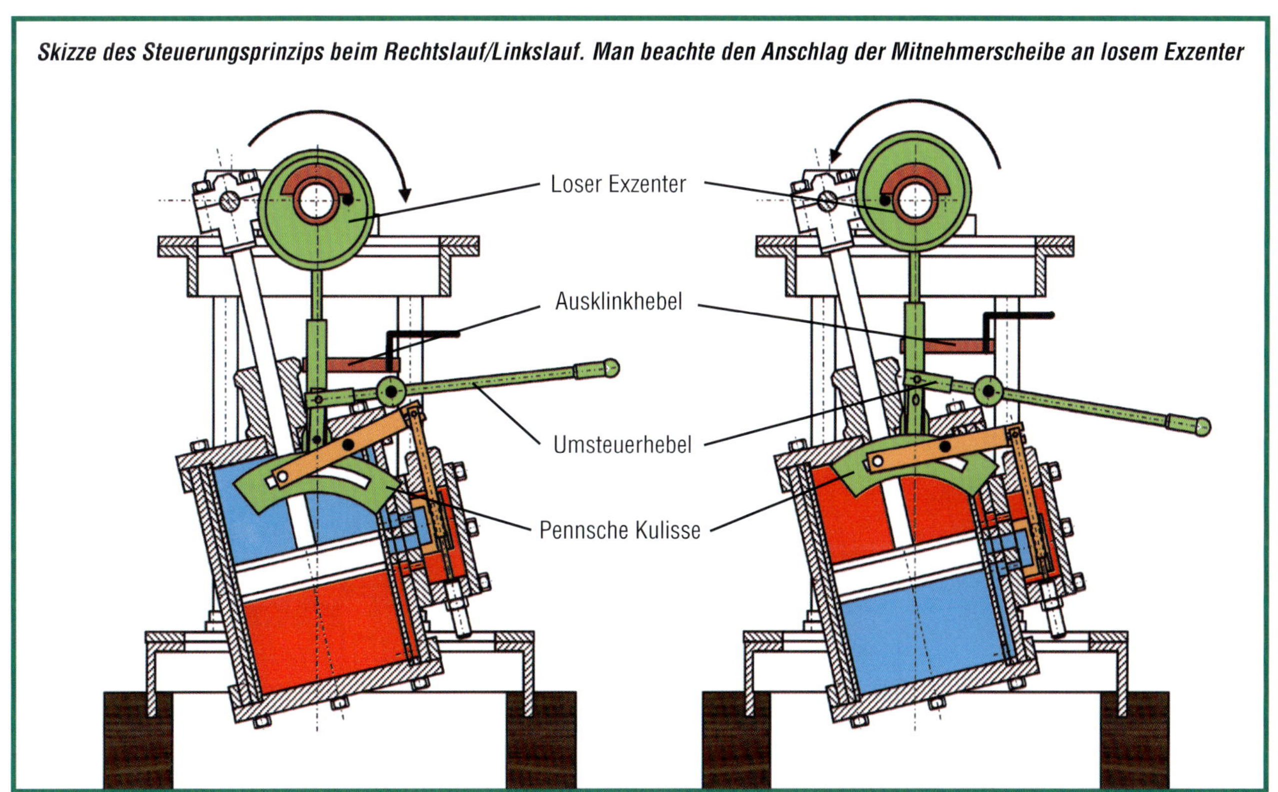

Anmerkungen zum Modell-Nachbau der Diesbar-Schiffsdampfmaschine

Meine Intension war, die Funktionalität dieses wunderschönen Originals möglichst exakt nachzubauen. Natürlich sollte das Endprodukt unter Dampf langsam und gleichmäßig drehen. Bezüglich der Proportionen war mir klar, dass an einigen Stellen maßliche Kompromisse zu schließen sind.

Das Modell wurde bis auf wenige Ausnahmen (Wellen, Ständer und Dampfzuführung) aus Messing hergestellt. Ich habe diese Messing-Oberfläche im Wesentlichen belassen. Lediglich Oberrahmen und Unterrahmen wurden nachträglich in RAL 6005 moosgrün lackiert. Die Fotos aus der Entstehungsphase sind in dem puren Messing-Aussehen. Bei Fotografien nach der Überarbeitung sind die Rahmen lackiert.

Als Bauzeichnung vom Original stand mir die Kopie einer Kopie einer aus der im Jahre 1870 erschienenen Ausgabe „Der Civilingenieur“ zur Verfügung (siehe Literaturhinweis). Einzelheiten wie Steuerungsdetails, Dampfführung an den Zylindern oder Details der „Luftpumpe“ konnte man darauf nicht ersehen, höchstens erahnen. Es kann also durchaus Details im Modell geben, welche im Original anders „gelöst“ sind. Hier das Foto einer Kopie einer Kopie ...

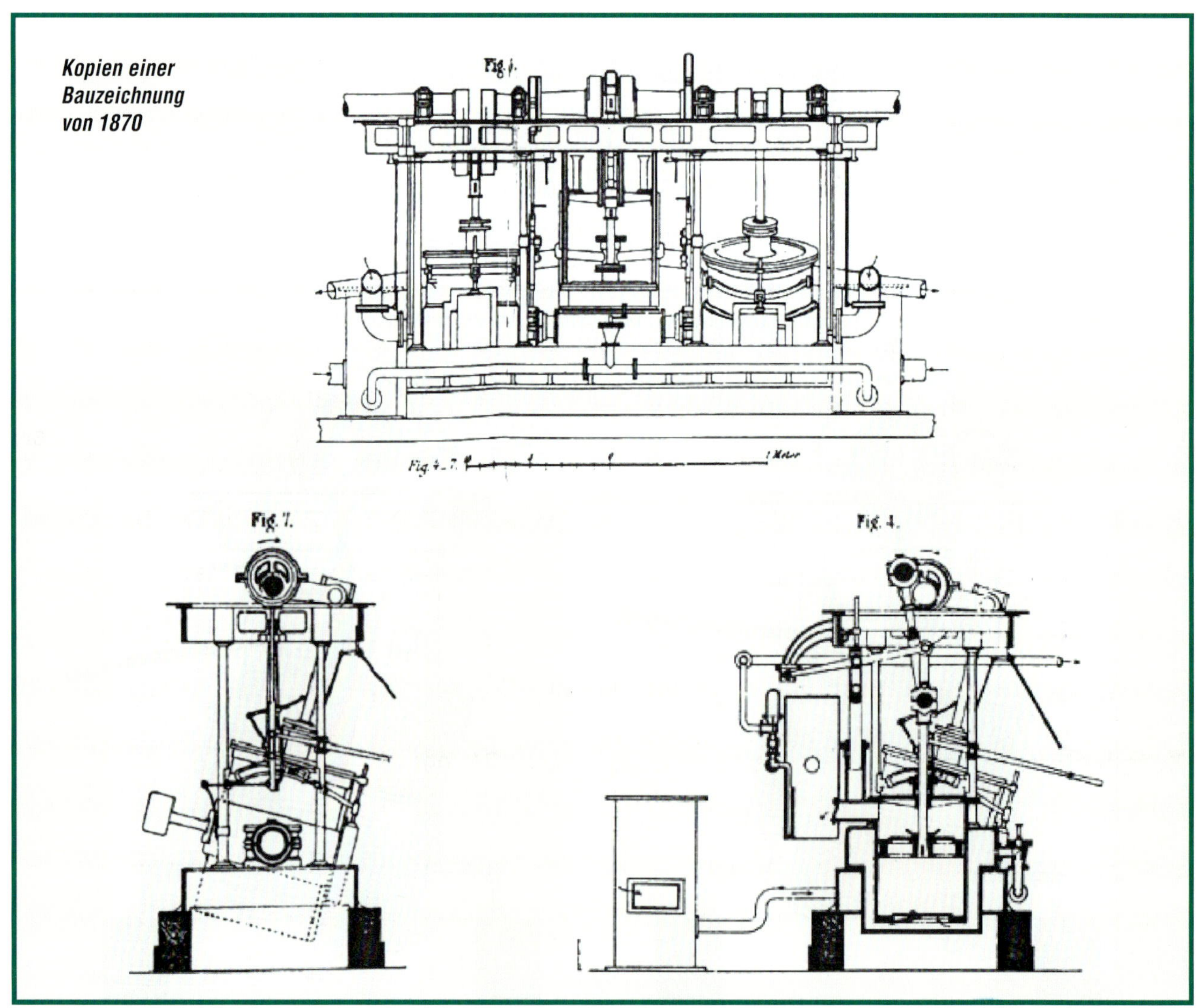

Kopien einer Bauzeichnung von 1870

Als Modellmaßstab habe ich 1:20 gewählt. Daraus ergaben sich dann die folgenden Hauptabmessungen:

	Original	Modell
Zylinderdurchmesser	**622 mm**	**31 mm**
Zylinderhöhe	**980 mm**	**49 mm**
Hub	**686 mm**	**36 mm**
Abstand der Arbeitszylinder	**1830 mm**	**108 mm**
Zylinderdurchmesser Luftpumpe	**480 mm**	**24 mm**
Hub Luftpumpe	**360 mm**	**18 mm**
Distanz Mittelpunkt Schwenkwelle/Kurbelwelle	**1420 mm**	**75 mm**

Man sieht, dass schon beim Zylinderabstand der gewählte Verkleinerungsmaßstab nicht eingehalten werden konnte. Man kann eben, wenn's ein funktionstüchtiges Modell werden soll, das Original nicht in allen Details skalieren. (z. B. kann man im Original durch einen 50-mm-Schlitz mit der Hand/dem Arm durchgreifen und eine Schraube festziehen. Skaliert man diesen Schlitz auf Modellmaßstab, dann wird das bei 2,5 mm schwierig.) Trotzdem wurde versucht, dem Original möglichst nahezukommen. Ausnahmen sind: die Mitnehmer der losen Exzenter, die Kurbeltrennung, die Verriegelung der Umsteuermechanik sowie die Funktionalität der Luftpumpe mit Einspritzkondensator. Letztere besitzt zwar alle notwendigen Teile und diese werden auch funktionsgerecht bewegt; allerdings sind die Toleranzen relativ locker ausgeführt, sodass nur eine sehr begrenzte Pumpwirkung und Kondensatorwirkung auftritt.

Technische Daten der Modell-Maschine

Breite x Tiefe x Höhe	**260 mm x 96 mm x 145 mm**
Zylinderdurchmesser	**31 mm**
Hub	**36 mm**
Zylinderdurchmesser Luftpumpe	**24 mm**
Hub Luftpumpe	**18 mm**
Drehzahl	**ca. 50 U/min**
Einspeisedruck	**2 bar**
Gesamtgewicht	**2,6 kg**

Baubeschreibung

Allgemeines

Wie unschwer nachzuvollziehen, besteht das Modell aus relativ vielen Einzelteilen (ca. 140 ohne Schrauben, Muttern usw.), welche teilweise etwas kompliziert zu fertigen sind. Dies freut den fortgeschrittenen Modellbauer, braucht aber den Anfänger nicht abzuschrecken. **Für Neulinge gibt es bei schwierigen Passagen spezielle Infos, Skizzen und gelegentlich Fotos. Diese Abschnitte sind farblich abgesetzt (Textkasten).** Die fortgeschrittenen Modellbauer können diese Passagen einfach überlesen.

Notwendige Werkzeuge:

Drehmaschine: Hier genügt eine kleine und einfache Ausführung (z. B. Emco Unimat 3) mit Dreibackenfutter und Bohrfutter. Dazu ein Satz vernünftiger Drehstähle sowie mitlaufende Körnerspitze.

Fräsmaschine: Auch hier genügt eine kleine Maschine (z. B. Proxxon) mit Kreuztisch. Dazu ein Maschinenschraubstock mit etwa 60 mm Spannbreite. Je präziser dieser Schraubstock desto besser. Der geeignete Satz Fingerfräser sollte auf die Spannhülsen der Frässpindel abgestimmt sein. Zusätzlich ist ein Bohrfutter zum Spannen bis 10 mm Durchmesser sinnvoll.

Neben diesen Maschinen sollte natürlich die übliche Werkstattausrüstung vorhanden sein. Bei der Auswahl von Gewindebohrern, Schraubendrehern, Steckschlüsseln etc. ist auf geeignete Größen zu achten. Es werden ja meistens eher kleine Durchmesser benötigt. Sehr gute Bezugsquellen dazu sind die Messestände auf den Dampftagen und den Modellbauausstellungen.

Baugruppen

Die komplette Konstruktion ist in Baugruppen unterteilt. Entsprechend dieser Gruppen ist auch die Baubeschreibung untergliedert. Diese Baugruppen sind

Baugruppe 1 Unterrahmen
Baugruppe 2 Oberrahmen
Baugruppe 3 Arbeitszylinder rechts
Baugruppe 4 Arbeitszylinder links
Baugruppe 5 Steuerung rechts
Baugruppe 6 Steuerung links
Baugruppe 7 Luftpumpe
Baugruppe 8 Kurbelwelle
Baugruppe 9 Dampfzuleitung

Allgemeines zu Toleranzen

Bohrungen, welche als Wellenlager dienen, sind mit H7 toleriert. Zu diesen Bohrungen gehören in erster Linie die Kurbelwellenlager, die Schwenklager und die Pleuellager. Die dazugehörigen Wellen sind meist aus passenden Silberstahlstäben gefertigt. Hier ist die handelsübliche Toleranz h6, sodass eine für bewegende Teile ausreichende Passung entsteht (einigermaßen leichtgängig und wackelfrei). Alle anderen Maße besitzen keine Toleranzangaben. Hier müssen gegebenenfalls Anpassungen vorgenommen werden. Bei besonders kritischen Maßen (z. B. Bohrungsabstände der Ständer) erfolgen im Text Hinweise. **Allgemein gilt: Je genauer, desto besser.**

Herstellen von zweigeteiltem Schwenklager, Kurbelwellenlager, Exzenterscheiben und Pleuellager:

Hier wird immer zuerst die äußere Kontur von Ober- und Unterteil gefertigt. Dabei wird in Stärke und Breite mit 0,1 mm Übermaß gearbeitet. Jetzt werden die Bohrungen und Gewinde für die Verbindungsschrauben und die Befestigungsschrauben hergestellt. Die beiden Teile der Lager werden nun verschraubt. Im verschraubten Zustand wird die Kontur auf Endmaß gefräst. Zum Schluss wird die Lagerbohrung hergestellt (gebohrt und gerieben bzw. ausgedreht). Es ist beim Herstellen dieser Lagerbohrungen darauf zu achten, dass die Abstandsmaße zur Auflage exakt gleich werden. Am besten stellt man diese Bohrungen auf einer Fräsmaschine mit Kreuztisch her. Dazu im Maschinenschraubstock Anschläge verwenden.

Herstellung Unterrahmen Baugruppe 1

Der Unterrahmen trägt alle Bauteile der Maschine. Er nimmt die Lagerschalen der Schwenklager auf und ist über acht Säulen mit dem Oberrahmen verbunden. Um einen „runden“ gleichmäßigen Lauf der Maschine zu gewährleisten, muss der Unterrahmen stabil und verwindungssteif sein. Natürlich darf die Oberfläche der Grundplatte des Unterrahmens nur eine sehr geringe Welligkeit oder Verzug aufweisen. Hierauf ist beim Fügen der Einzelteile besonders zu achten. Gegebenenfalls muss diese Oberfläche mit einem kleinen Span abgezogen werden.

Die einzelnen Rahmenteile werden durch Weichlöten gefügt.

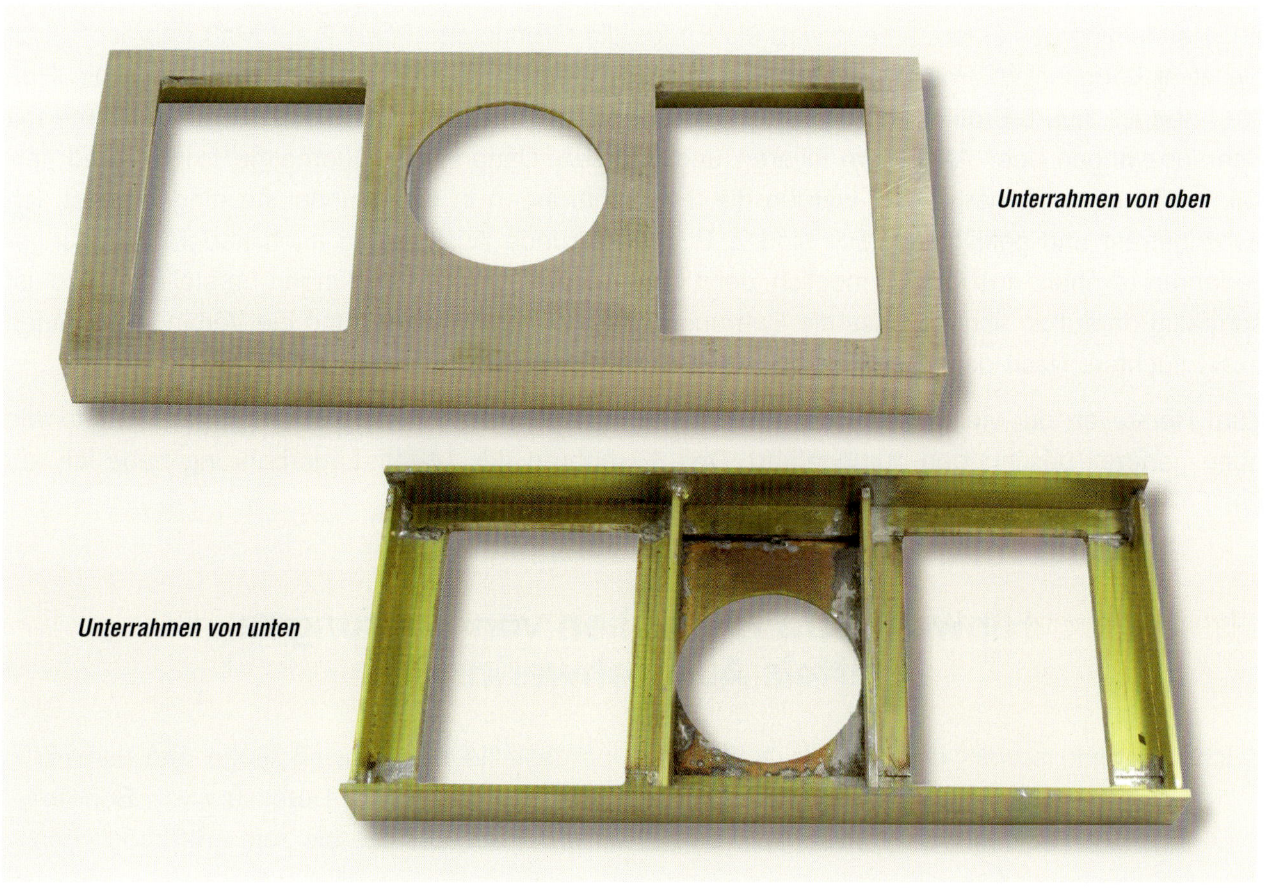

Unterrahmen von oben

Unterrahmen von unten

Hinweis zum Weichlöten:

Beim Weichlöten von größeren Teilen arbeitet man am besten mit einem Gaslötgerät, also einem Gasbrenner. Hier gibt es im Baumarkt günstige Geräte mit ausreichender Leistung. Wird mit der Flamme gelötet, muss eine nicht brennbare Unterlage verwendet werden. Gut eignen sich Schamottesteine ebenfalls aus dem Baumarkt. Die Verwendung einer Schutzbrille ist angezeigt! Als Lot verwende ich in den meisten Fällen Weichlötpaste mit eingebundenem Flussmittel (z. B. „Rosol 3"). Vor dem Löten erst die zu lötenden Flächen abschmirgeln. Beim Messing Oxidschicht entfernen. Dann mit Lötpaste dünn bestreichen und zusammenfügen. Dies geschieht am einfachsten mit Hilfe von Metallklammern. Nun die Teile mit dem Gasbrenner erhitzen. Auf der Oberfläche sind nun nacheinander folgende Veränderungen zu beobachten: Zuerst bei etwa 65 °C bis 90 °C bildet das an jeder Oberfläche haftende Wasser kleine Perlen und verdampft dann. Die Oberfläche „schwitzt". Danach bei ca 120 °C fängt die Lötpaste an zu sprudeln. Das darin gebundene Wasser und später das Flussmittel kochen und verdampfen ebenfalls. Die Paste trocknet nun aus und erscheint als heller Film (ca. 180 °C). Bei 230 °C beginnt das Weichlot zu schmelzen und bildet einen silbrig glänzenden See. Nun so lange weiter Energie zuführen, bis alle Spalten sicher duchgelötet sind. Das erfordert etwas Übung. Gegebenenfalls zusätzliches Lot von der Lötdraht-Rolle zugeben. Dabei darauf achten, dass Lot gleicher Sorte (gleiche Schmelztemperatur) verwendet wird. Eine perfekt gelötete Verbindung sieht so aus:

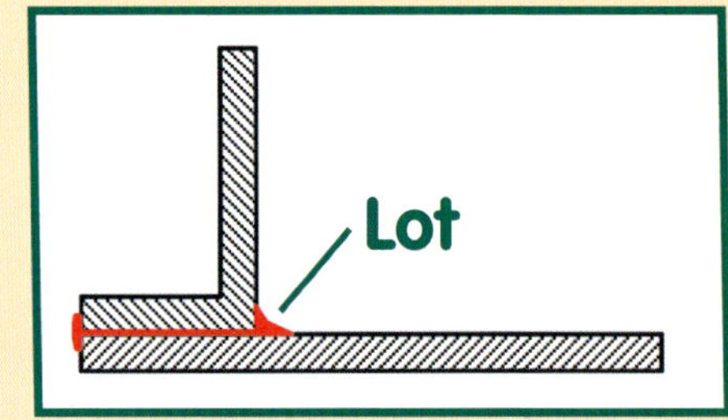

Zur Herstellung des Oberrahmens wird als Erstes die Grundplatte Pos.1.2 auf Maß gebracht. Jetzt die zwei Längsholme Pos. 1.3 + 1.4 und die vier Querholme Pos. 1.5 + 1.6 fertigen. Die Holme habe ich aus L-Profilen mit entsprechenden Profilmaßen gefertigt. Zuerst die Längsholme mit Schraubzwingen oder Ähnlichem fixieren und verlöten. Danach die Querholme fixieren und verlöten. Lötstellen säubern. Jetzt werden die 3 Aussparungen in die Grundplatte eingearbeitet. Ich habe gefräst und gefeilt. Natürlich sind z. B. für die runde Aussparung auch andere Fertigungsverfahren (drehen, ausbohren) möglich. Jetzt die diversen Gewindebohrungen herstellen. Dabei ist sorgfältig darauf zu achten, dass die Bohrungen für die Schwenklager und die Verbindungssäulen exakt fluchten. Nach dem Gewindeschneiden das Teil sorgfältig versäubern.

Zum Herstellen der vier zweiteiligen Schwenklagerböcke Pos. 1.7 werden die Arbeitsschritte wie oben generell beschrieben durchgeführt. Das Ausbohren der 14-mm-Lagerbohrung habe ich auf der Fräsmaschine mittels Ausdrehwerkzeug durchgeführt.

Hinweis zum Herstellen von Bohrungen mittels Ausdrehwerkzeug:

Ich verwende sowohl gekaufte als auch selbst hergestellte Ausdrehwerkzeuge. Die von mir benutzte Art nennt man auch Schlagzahnfräser oder Flycutter. Beim Herstellen von Bohrungen mit über 12 mm Durchmesser wird zuerst auf der Fräsmaschine bis zum größtmöglichen

Durchmesser mit normalem Bohrer vorgebohrt (bei mir sind das abhängig vom Material 12 mm). Danach wird das Ausdrehwerkzeug für kleine Durchmesser in die Spannzange der Frässpindel eingespannt und in ca. 1-mm-Schritten bis zum gewünschten Durchmesser „ausgedreht". Für größere Durchmesser benutze ich die selbstgebaute Ausführung. Diese ist etwas stabiler ausgelegt. Das Einstellen von genauen Durchmessern im 1/10-mm-Bereich erfordert Übung. Man kann diese Ausdrehwerkzeuge auch auf der Drehmaschine verwenden. Hier werden sie hauptsächlich zum Herstellen von konkaven Flächen z. B. am Schieberspiegel verwendet. Dazu wird das Werkstück auf den Support der Drehbank gespannt und mittels Unterlagen auf Mittellage gebracht. Der Schlagzahnfräser wird auf den gewünschten Durchmesser voreingestellt und in das Dreibackenfutter gespannt. Jetzt kann der Support vorsichtig in Richtung drehendem Schlagzahnfräser gefahren werden. Bei meiner Ausrüstung kann mit max. 4/10 mm Spanstärke nach und nach die geforderte Rundung eingearbeitet werden.

Achtung Unfallgefahr! Mit äußerster Vorsicht arbeiten! In der Frässpindel oder im Dreibackenfutter dreht sich ein ausladendes scharfes Werkzeug!

Schlagzahnfräser für Spiegel und Schwenklager

Nun noch die Holzträger herstellen, Pos. 1.1. Hierzu verwendet man am besten feinmaserige Holzsorten. Ich habe Erle genommen. Die 2-mm-Nut so einfräsen, dass sich der Längsholm vom Unterrahmen mit etwas Kraft eindrücken lässt. Das fertige Holzteil wird mehrmals feingeschliffen und geölt.

Herstellung Oberrahmen Baugruppe 2

Der Oberrahmen trägt die Kurbelwellenlager und ist somit auch wesentlich für den „unverklemmten" Lauf der Kurbelwelle verantwortlich. Um dies zu gewährleisten, darf die Grundplatte des Oberrahmens nur eine sehr geringe Welligkeit und/oder Verzug aufweisen. Auch hier muss gegebenenfalls die Oberfläche mit einem kleinen Span abgezogen werden.

Oberrahmen lackiert

Als Erstes wird die Oberplatte Pos. 2.1 auf Maß gebracht. Jetzt die zwei Längsholme Pos. 2.2 und die vier Querholme Pos. 2.3 fertigen. Die Holme habe ich wie schon beim Unterrahmen aus geeigneten L-Profilen gefertigt. Vor dem Weichlöten die Oberflächen anschmirgeln. Zuerst die Längsholme mit Schraubzwingen oder Ähnlichem fixieren und verlöten. Danach die Querholme fixieren und verlöten. Lötstellen säubern. Jetzt werden die 3 Aussparungen in die Grundplatte eingefräst, danach die diversen Gewindebohrungen für die Lagerböcke hergestellt. Beim Bohren der Durchgangslöcher für die Verbindungssäulen ist sehr genau auf exakte Abstandsmaße zu achten. Nun das Teil sorgfältig versäubern.

Dann die vier zweiteiligen Kurbelwellenlager Pos. 2.7 herstellen. Herstellung gemäß obiger genereller Anleitung. Wichtig: Das Abstandsmaß von der Auflageseite bis Mitte Lagerbock muss bei allen vier Teilen exakt gleich sein. Ich habe hier im Maschinenschraubstock mit einem festen Anschlag gearbeitet und dann die vier Lagerböcke der Reihe nach mit einer Einstellung bearbeitet. Lagerböcke versäubern und auf Leichtgängigkeit mit einer 7-mm-Welle prüfen.

Verbindungssäulen nach Zeichnung herstellen. Die Säulen bestehen aus zwei Teilen. Die Säule selbst Pos. 2.4 wird aus Silberstahl hergestellt. Die Rosette Pos. 2.5 aus Messing. Beide Teile durch Löten verbinden. Achtung: Es ist darauf zu achten, dass das Schulter-Maß 75 mm bei allen 8 Säulen exakt gleich ist. Von der Gleichheit dieser Maße hängt die Ebenheit des Oberrahmens ab!

Hinweis:

Nach diesen Arbeiten zum ersten Mal Unterrahmen mit dem Oberrahmen mittels Verbindungssäulen zusammenmontieren und die Lagerböcke der Kurbelwelle lose verschrauben. Jetzt durch die Lagerbohrungen eine 7-mm-Silberstahlwelle durchstecken. Nun kann man versuchen, durch Justieren der Lagerböcke die Welle drehend zu lagern. Allerdings benötigt man meistens ziemlich viel Zeit und Einschleif-Aufwand, bis sich die Probewelle bei endgültig fixierten Lagerbock-Schrauben und festgezogenen Verbindungssäulen ohne Klemmen drehen lässt. Es macht keinen Sinn, mit dieser Arbeit bis zur Endmontage zu warten. Nach diesem Einschleif-Vorgang die einzelnen Teile bezeichnen (z. B. Lagerböcke auf der Unterseite durchnummerieren) und sie, entsprechend Baufortschritt, immer wieder an gleicher Stelle einsetzen. Zum Einschleifen der Welle kann Einschleifpaste verwendet werden. Diese besorge ich mir bei meiner Automobil-Werkstatt. Dort benutzen sie die Paste noch zum Einschleifen der Ventile bei älteren Motoren.

Herstellung der Arbeitszylinder Baugruppe 3 und 4

Ein wesentliches Konstruktionsmerkmal der beschriebenen oszillierenden Dampfmaschine sind die Schwenkzylinder mit Schwenklager. Die Schwenklager sind hohl und gegen einen festen, ebenfalls hohlen Schwenkzapfen mit einem O-Ring abgedichtet. Im Original ist diese Dichtung natürlich mit Stopfbuchse ausgeführt. Die Schwenkzylinder werden durch das jeweils äußere Schwenklager mit Frischdampf versorgt. Durch die inneren Schwenklager wird der Abdampf in Richtung Luftpumpe bzw. Richtung Einsprühkondensator geleitet. Am Schwenkzylinder selbst muss der Zu-Dampf vom zentral liegenden Schwenklager auf einer Umfangslinie zur Muschelschieber-Steuereinheit und von dort je nach Stellung unter den Zylinderdeckel oder den Zylinderboden geleitet werden. Beim Gegenhub soll der Ab-Dampf von dort wieder über die Steuereinheit und danach wieder auf einer

Umfangslinie zum innenliegenden Schwenklager gelangen. In der Skizze auf Seite 8 ist das Prinzip der Dampfführung dargestellt.

Besonders die Dampfführung von den Schwenklagern zur Steuereinheit bereitete mir in der Entwurfsphase erhebliches Kopfzerbrechen. Es gab die Möglichkeit, ein Gussmodell zu fertigen (zu teuer) oder Röhrchen aufzulöten (zu kompliziert, Dichtprobleme). Letztendlich entschied ich mich für einen aus mehreren ineinandergeschobenen Hülsen bestehenden Zylinder. Die Innenhülse übernimmt die Kolbenführung. Sie bekommt noch zwei Bohrungen für den Dampfeintritt bzw. -austritt. Die Mittelhülse dient der Dampfführung. Hier werden die Dampfkanäle eingefräst. In die Außenhülse werden die Verteilerbohrungen eingearbeitet. Sie trägt außerdem den Spiegel, die beiden Schwenklager und die Lagerzapfen für den Steuerbügel. Über die beiden Enden der Außenhülse werden noch die kurzen Flanschhülsen gezogen. Die Hülsen sollten mit etwa 0,1 mm Spiel ineinanderpassen.

Arbeitszylinder komplett

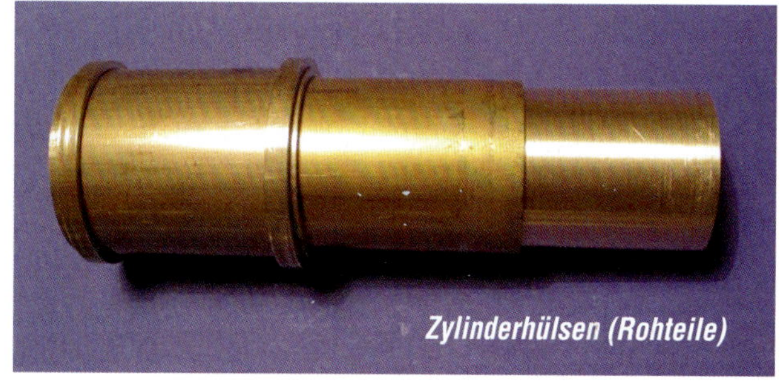
Zylinderhülsen (Rohteile)

Als Verbindungssystem habe ich mich für die Klebetechnik entschieden. Nur so können die einzelnen Hülsen nacheinander verbunden werden. Als Kleber wurde der Zweikomponentenkleber „J-B Weld" verwendet. Er ist bis 300 °C temperaturbeständig, bietet große Festigkeit und ist ausreichend lange zu verarbeiten. Außerdem können die zu verklebenden Teile nach dem Fügen noch nachfixiert werden.

Hinweise zum Kleben:

Teile müssen sauber und fettfrei sein. Gegebenenfalls mit Dampf entfetten. Die Verarbeitungszeit (maximale Zeit vom Anrühren der beiden Komponenten bis zum Fügen der zu verklebenden Teile) ist von der Temperatur des Klebers abhängig. Der Temperaturbereich geht von etwa 15 °C bis etwa 35 °C. Grundsätzlich gilt: je höher die Temperatur, desto dünnflüssiger der Kleber und desto kürzer die Verarbeitungszeit. Die besten Ergebnisse erzielte ich bei einer Klebertemperatur von etwa 25 °C. Die beiden Tuben habe ich immer vorher ca. 20 Minuten in ein Wasserbad von etwa 30 °C gestellt. Die Bearbeitungszeit beträgt dann etwa 25 Minuten. Die Klebungen wurden immer Hülse für Hülse durchgeführt. Danach Kleber ca. 10 Stunden bei etwa 20 °C trocknen lassen. Es wird immer nur Kleber für eine Klebung je Zylinder benötigt (werden beide Zylinder parallel bearbeitet also zwei Klebungen). Deshalb nur geringe Mengen anrühren! Es genügt vom Harz und vom Härter eine Wurst von jeweils maximal 20 mm Länge.

Die Hülsen werden in der Länge mit Übermaß von 1 mm gefertigt. Der Innendurchmesser der Innenhülse wird ebenfalls erst später auf Endmaß gebracht. Fertigdrehen nach dem Verkleben. Achtung! Die Einzelteilzeichnungen der Hülsen sind mit Übermaß vermaßt. Die End-Abmessungen sind in der Zusammenstellzeichnung der Zylinder dargestellt.

Ich habe mir bei der Rohteilbeschaffung die Messingrohre so ausgewählt, dass möglichst wenig spanende Bearbeitung notwendig war. Nach längerer Suche habe ich die passenden Rohre gefunden.

Sie besaßen im Lieferzustand folgende Abmessungen:

Innenhülse:	35 x 3x 52	Ms58
Mittelhülse:	36 x 3x 52	Ms58
Außenhülse:	40 x 2x 52	Ms58
Flanschhülse:	44 x 2x 10	Ms58

Maße der fertigen Hülsen:

Innenhülse:	33 x 1 x 50
Mittelhülse:	36 x 1,5 x 50
Außenhülse:	40 x 2 x 50
Flanschhülse:	44 x 2 x 9

Hinweis zur gewählten Vorgehensweise bei der Baubeschreibung der spiegelbildlichen Baugruppen:

Hier Arbeitszylinder rechts und Arbeitszylinder links. (Später Steuerung rechts und Steuerung links.)

Die Einzelteile des rechten und linken Arbeitszylinders sind im Wesentlichen gleich. Lediglich der Zusammenbau bzw. das Zusammenkleben erfolgt in manchen Fällen spiegelbildlich. Die Einzelteile sind im Zeichnungssatz deshalb nur einfach dargestellt. Die zusammengesetzten Teile sind für beide Zylinder separat gezeichnet. Die Baubeschreibung erfolgt nur einfach und gilt für beide Zylinder gleichermaßen.

Hinweis zum Drehen der Zylinderhülsen:

Zuerst werden bei den Hülsen die Innendurchmesser gedreht. Bei der Innenhülse hier etwas Übermaß lassen. Die Ausdrehung auf Kolbendurchmesser erfolgt erst, nachdem die Zylinderkontur fertig geklebt ist. Die jeweiligen Außendurchmesser der Hülsen bzw. die Außenkontur des geklebten Zylinders habe ich mit Hilfe eines Holzdorns gedreht. Nur so kann bei begrenzter Hülsenlänge in einem Aufspann gedreht werden. Dazu wird als Erstes ein Hartholzrundstab (z. B. Buche) mit geeigneter Länge und Durchmesser in das Dreibackenfutter gespannt und mit einer Zentrierbohrung versehen (für die mitlaufende Körnerspitze). Die Backen des Dreibackenfutters drücken sich beim Festziehen etwas in das Hartholz ein. Damit bei künftigen Einspannungen keine Unrundung entsteht, sollte man die Stellung des Futters zum Holzdorn markieren. Jetzt wird der Dorn so bearbeitet, dass die Hülse sich mit etwas Kraft auf den Dorn schieben lässt. Die Hülse wird sicher festgehalten, wenn der Dorn vor dem Aufziehen der Hülse befeuchtet wird (das Holz quillt). Zum Abziehen der Hülse gegebenenfalls Holzdorn wieder trocknen lassen. Achtung: Um den Verbrauch von Hartholzstäben zu reduzieren, sollte man mit den großen Durchmessern, also den Außenhülsen bzw. den Flanschhülsen beginnen. So kann der gleiche Holz-Rohling für die Herstellung aller Dorne verwendet werden. In den nachfolgenden „Arbeitsschritten für die Zylinderherstellung“ ist diese Reihenfolge umgekehrt.

Arbeitsschritte für die Zylinderherstellung:

Innenhülse Pos. 3.1 + 4.1 nach Zeichnung drehen.

Mittelhülse Pos. 3.2 + 4.2 drehen. Dampfführungskanäle nach Zeichnung fräsen. Siehe Foto unten links.

Außenhülse Pos. 3.3 + 4.3 nach Zeichnung drehen.

Flanschhülsen Pos. 3.4 + 4.4 drehen.

Auf die Innenhülse Kleber auftragen und Mittelhülse mit leicht drehenden Bewegungen aufziehen. In der Endstellung axial fixieren. Jetzt die abgeschabten Kleberreste in den Dampfkanälen entfernen. Dazu am besten Wattesticks verwenden. Diese Arbeit sorgfältig durchführen.

Kleber 10 Stunden aushärten lassen.

Danach die beiden 3-mm-Bohrungen durch die Dampfkanäle der Mittelhülse in die Innenhülse einbringen.

Nun wird die Außenhülse verklebt. Damit beim Aufschieben der Außenhülse auf die mit Kleber versehene Mittelhülse der überschüssige Kleber nicht die Dampfkanäle füllt und verschließt, habe ich die Kanäle mit Wachs gefüllt. Hierzu wird von einer brennenden Kerze das Wachs eingetropft. Überstehendes Wachs sorgfältig entfernen (am besten mit Cutter und Schmirgel). Siehe Foto unten rechts.

Lage der Mittelachse auf beiden Stirnflächen der Mittelhülse anzeichnen. Dies wird bei den weiteren Schritten als Ausrichthilfe benötigt.

Auf die Mittelhülse Kleber auftragen und die Außenhülse leicht drehend aufziehen. In der Endstellung fixieren und Kleberreste an der Stirnseite entfernen.

Kleber 10 Stunden aushärten lassen.

Jetzt die Bohrungen in die Außenhülse einbringen. Hierzu erfolgt die Ausrichtung nach der angezeichneten Mittelachse (siehe oben). Achtung beim Bohren! Nur die Außenhülse durchbohren.

Nun das Wachs in einem geeigneten Topf im Salzwasser mit Spüli-Zusatz auskochen. Nicht den besten Topf aus der Küche verwenden. Das gibt Ärger! Letzte Wachsreste aus den Kanälen lassen sich mit Dampf entfernen. Hierzu verwende ich den Milchschäumer der Kaffeemaschine.

Gefräste Mittelhülse

Mittelhülse mit Wachsfüllung

Jetzt die Flanschhülsen nach vorbeschriebenem Schema auf die Enden der Außenhülse kleben.

Nach dem Aushärten kann der Zylinder auf die endgültigen Abmessungen gedreht werden. Hierzu wieder für das Drehen der Außenkonturen den Holzdorn (siehe oben) verwenden. Die Kolbenlauffläche sollte in einem Aufspann ausgedreht und mit mindestens 800er Schmirgel feinst bearbeitet werden.

Hinweis zum Drehen der Kolbenlauffläche:

Das unverklemmte Eintauchen des Kolbens in den Zylinder ist (unter anderem) abhängig von der fluchtenden Auflage des oberen Zylinderdeckels auf den Zylinder. Dazu muss die obere Stirnfläche des Zylinders in einem Aufspann mit der Kolbenlauffläche gedreht werden. Diese Stirnseite ist nach dem Drehen zu markieren. Zum Feinstbearbeiten der Kolbenlauffläche kann wieder der Holzdorn verwendet werden. Dieser wird um etwa 1,5 mm kleiner gedreht als der Zylinderinnendurchmesser und mit einem 0,5 mm breiten Längsschlitz versehen. In diesen Schlitz wird ein geeignetes Stück Schmirgel gesteckt. Nun Zylinder über den Dorn ziehen. Zylinder mit der Hand festhalten und Dorn im Zylinder rotieren lassen (mit langsamer Drehzahl beginnend). **Achtung Unfallgefahr.** Vor dem Einschalten unverklemmte Rotation prüfen!

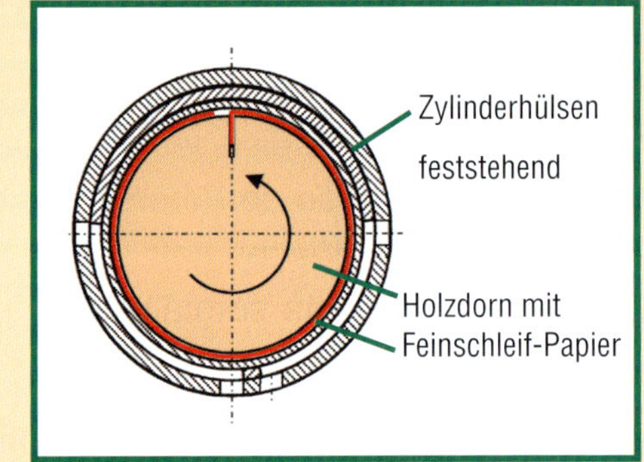

Nun muss der Spiegel Pos. 3.5 + 4.5 gefertigt werden. Dazu erst ein Rohteil mit den Außenabmessungen herstellen. Dieses Rohteil sollte in der Stärke ein Übermaß von etwa 0,5 mm haben. In dieses Rohteil wird der konvexe Radius mit einem Schlagzahnfräser (siehe Hinweis Seite 14 ff)

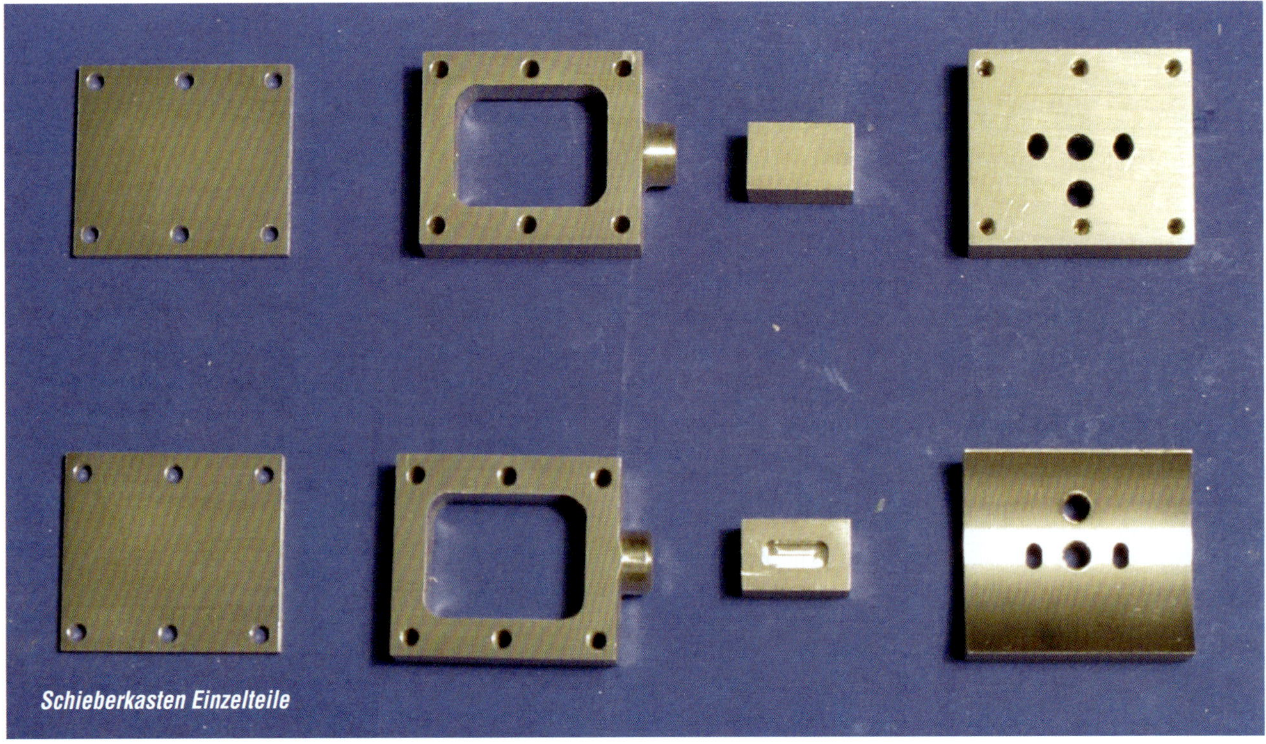
Schieberkasten Einzelteile

Das Prinzip der Schwenklager-Dichtung

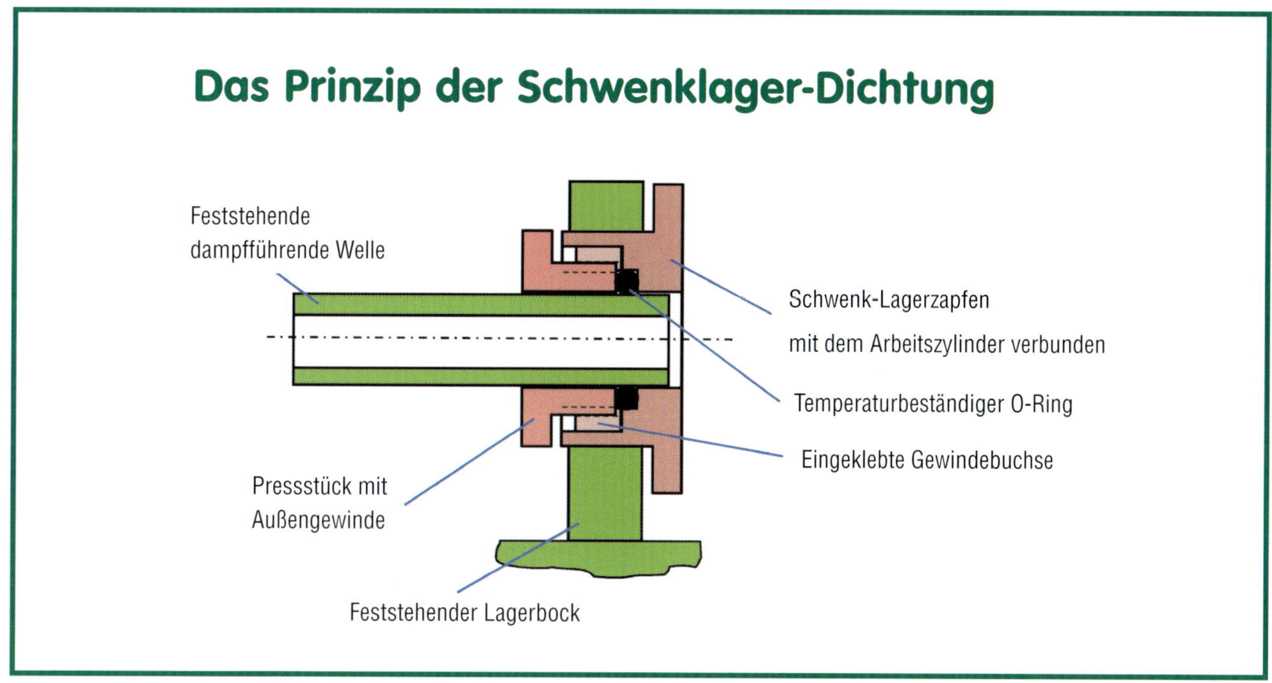

eingearbeitet. Nun die Stärke auf Endmaß fräsen und die Dampf-Bohrungen gemäß Zeichnung einarbeiten. Zum Schluss die M2-Gewinde herstellen.

Vor dem Verkleben des Spiegels mit dem Zylinderrohling die Bohrungen im Spiegelbereich des Zylinders mit Wachs auffüllen. Die konvexe Seite des Spiegels mit Kleber bestreichen und beide Teile zusammenfügen. Zur Justierung habe ich ein 3-mm-Rundmaterial durch zwei Bohrungen des Spiegels bis in das Wachs des Zylinders durchgesteckt. Rundmaterial vorher einölen. So wird das feste Verkleben verhindert. Kleberreste sorgfältig entfernen. Das Rundmaterial vor der endgültigen Aushärtung entfernen. Nach dem Aushärten können die Bohrungen im Spiegel nachbearbeitet werden. Wachs wie oben beschrieben entfernen.

Nun folgen die Schwenkhülsen. Die Schwenkhülse ist gleichzeitig Schwenklager, Dampfleitung und Dichtelement. Die obenstehende Skizze verdeutlicht dies.

Im Original ist diese Schwenklager-Dichtung gemäß dem damaligen Stand der Technik als Stopfbuchse ausgeführt. Im Modell-Nachbau wird ein O-Ring verwendet.

Hinweis:

Übliche O-Ringe in Standard-Qualität sind aus NBR (z. B. Perbunan). Diese O-Ringe können dauerhaft nur bis etwa 100 °C eingesetzt werden. Bei Dampfdrücken von etwa 1,8 bar reicht das nicht! Es sollten deshalb O-Ringe aus FKM (z. B. Viton) verwendet werden. Diese sind bis mindestens 180 °C beständig.

Schwenkhülse Pos. 3.6 + 4.6 nach Zeichnung fertigen. Zuerst die Kontur aus Ms-Rundmaterial vordrehen und dann die konvexe Fläche mit dem Schlagzahnfräser ausarbeiten. Die M8-Feingewindeteile – Gewindeeinsatz Pos. 3.7 + 4.7 sowie Pressstück Pos. 3.8 + 4.8 – habe ich jeweils aus gekauften Feingewinde-Schrauben und Muttern gefertigt. Aus einer Mutter M8 x 1 habe ich die Gewindehülse hergestellt und in den vorgefertigten Messing-Grundkörper eingeklebt. Aus einer

M8 x 1-Schraube habe ich die Presshülse für die O-Ring-Pressung gefertigt. Die Gewindeeinsätze werden in die Messinghülsen wieder mit Zweikomponentenkleber eingeklebt. Hier ist sehr wenig Kleber notwendig. Diese Klebung am besten gleichzeitig mit einer Hülsenklebung durchführen.

Arbeitszylinder wird in Drehbank justiert

Zum Verkleben der Schwenkhülse mit dem Zylinderrohling die konvexe Fügestelle der Schwenkhülse mit Kleber bestreichen. Zum Fügen jeweils einen eingeölten 6-mm-Dorn in das Backenfutter und das Bohrfutter der Drehbank spannen, die Schwenkhülse aufstecken und in den auf die Höhe justierten Zylinderrohling fahren. Nur so kann eine fluchtende Schwenkbewegung gewährleistet werden. Siehe hierzu obenstehendes Foto, in dem das Vorjustieren des Zylinderrohlings mit Hilfe von 3-mm-Dornen gezeigt wird.

Die Vorgehensweise beim Kleben kann bei der entsprechenden Abbildung zur Luftpumpe ersehen werden.

Nach dem Aushärten ausspannen und Justierdorn entfernen. Die festen Kleberreste können mit einer 6-mm-Reibahle entfernt werden.

Nun können am Zylinderrohling die Gewindebohrungen in den Flanschen hergestellt und die Gewinde geschnitten werden. Siehe Bohrschema im Zeichnungssatz. Am Deckelflansch des Zylinders seitlich die Bohrungen für die Lagerzapfen des Steuerbügels einbringen. Bei diesen Bohrarbeiten ist besonders auf die Lage zum Spiegel bzw. Schwenklager zu achten. Sorgfältig ausrichten. Zum Herstellen der Bohrungen am besten einen 3-mm-Fingerfräser verwenden.

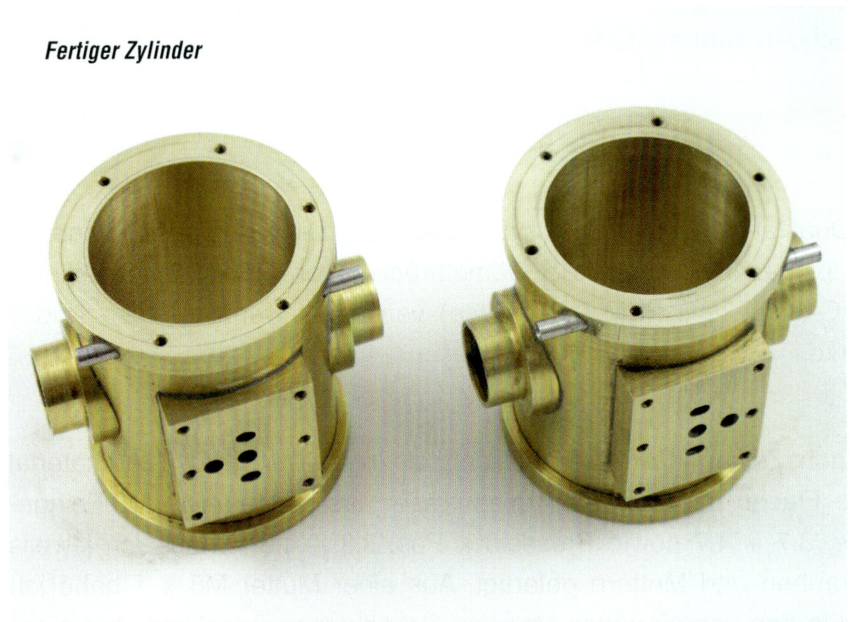
Fertiger Zylinder

Lagerzapfen Pos. 3.15 und 4.15 für den Schwenkbügel herstellen und in die Bohrungen des Deckelflansches einkleben.

Nun sind die Zylinder im Wesentlichen fertig. Sie sollten etwa so wie im Bild links aussehen.

Noch einige Anmerkungen zum Kleben:

Man kann sich vorstellen, dass bei dieser Vielzahl von Klebungen an den Zylinderhülsen nicht alle Stellen der Hülsen gleichmäßig und vor allem dicht verklebt sind. Dies gilt insbesondere für die dünnen Stege im Bereich des Spiegels. Nach Fertigstellung der Zylinder muss deshalb die Dichtheit überprüft werden. Am besten mittels Blasentest im Wasserbad. Bei meinen beiden Zylindern waren mehrere undichte Stellen vorhanden. Was tun? Auch hier hilft der Zweikomponentenkleber weiter. Harz und Härter diesmal auf 30 bis 35° vorwärmen. Der Kleber sollte möglichst dünnflüssig werden. Dampfkanäle nochmals mit Dampf gründlich entfetten und sorgfältig trocknen. Kleber anmischen und auf eine grobe Spritze aufziehen. Kleber mit Hilfe der Spritze in die Dampfkanäle einpressen und mit Druckluft (große Fahrradpumpe genügt) auspressen. Ausgepresste Kleberreste entfernen. Es hat sich nun auf der kompletten inneren Oberfläche ein durchgängig **dichter** Film aus Zweikomponentenkleber gebildet. Kleber 10 Stunden aushärten lassen und nochmals auf Dichtheit testen. Bei mir hat diese Methode wunderbar geklappt. Beide Zylinder sind nachhaltig dicht!

Deckel oben und unten

Der untere Deckel Pos. 3.10 + 4.10 wird aus einer Ms-Rundmaterial-Scheibe gedreht. Die Bohrungen können auf einem Teilapparat oder auf dem Kreuztisch der Fräsmaschine hergestellt werden. Für die Fertigung auf dem Kreuztisch sind die Koordinaten im Zeichnungssatz vermaßt.

Um möglichst wenig Spanabfall zu generieren, besteht der obere Deckel Pos. 3.9 + 4.9 aus zwei Teilen. Diese werden zusammengelötet. Zuerst die Deckelscheibe mit wenig Übermaß aus Rundmaterial herstellen. Jetzt die Kolbenstangenführung ebenfalls mit etwas Übermaß drehen und in die Deckelscheibe einlöten. Das verlötete Teil nun auf Maß drehen. Die Mittelbohrung 4H7 und den Passabsatz mit der gleichen Aufspannung herstellen. Jetzt Bohrungen für die Befestigungsschrauben herstellen (siehe unterer Deckel)

Schiebergehäuse mit Führungsbuchse und Deckel. Muschelschieber mit Schieberstange

Das Schiebergehäuse Pos. 3.23 + 4.23 wird aus einem Messing-Flachmaterial 25 x 10 mm gefertigt. Dazu wird erst die Außenkontur hergestellt und dann die Innenöffnung auf der Fräsmaschine ausgearbeitet. Zum Herstellen des zylindrischen Ansatzes wird das Teil hochkant in das Vierbackenfutter der Drehmaschine gespannt. Hier ist auf die Einhaltung der richtigen Abstandsmaße zu achten. Mit der gleichen Aufspannung werden auch die 3-mm-Führungsbohrung und auf der Gegenseite das Kernloch für das 4-mm-Gewinde vorgebohrt. Danach Teil ausspannen, Kernloch auf das richtige Maß bringen und Gewinde schneiden. Nun werden die 6 Durchgangsbohrungen für die Befestigungsschrauben gefertigt.

Der Gehäusedeckel Pos. 3.25 + 4.25 wird aus einem 2-mm-Flachmaterial hergestellt. Außenkontur und die 6 Durchgangslöcher nach Zeichnung fertigen.

Hinweis:

Alle Dichtflächen am Spiegel, am Schiebergehäuse und am Deckel sorgfältig eben schleifen und abziehen.

Nun wird die Führungsbuchse Pos. 3.24 + 4.24 nach Zeichnung gedreht.

Den Muschelschieber Pos. 3.22 + 4.22 nach Zeichnung fertigen. Bei der Herstellung des Muschelschiebers ist es wichtig, dass das Abstandsmaß Auflagefläche/Mittellinie Befestigungsgewinde etwa 0,05 mm größer ist als das entsprechende Abstandsmaß am Schiebergehäuse. So können die beiden Teile exakt aufeinander angepasst (eingeschliffen) werden. Bevor dieses Einschleifen erfolgt, muss noch die Schieberstange Pos. 3.21 + 4.21 aus 2-mm-Silberstahldraht gefertigt werden. Der Mitnehmerstift Pos. 3.20 + 4.20, ein 1 mm starker Silberdrahtstift, wird in die 0,9-mm-Querbohrung eingepresst.

Jetzt das Ganze auf den Spiegel des Zylinders vormontieren und sorgfältig einschleifen.

Kolben mit Kolbenring, Kolbenstange und Pleuellager

Ich habe mich beim Kolben für eine Version mit Kolbenring entschieden. Das kommt dem Original näher als eine gerillte Version und lässt außerdem erwarten, dass durch eine dichte Kolbenlage die Maschine ausreichend Drehmoment entwickelt. Siehe Fotos unten.

Hinweis:

Wie üblich wird bei einer selbstgebauten Zylinder-Kolbenkombination erst die Zylinderbohrung gefertigt und dann der Kolben entsprechend angepasst. So sollte natürlich auch hier verfahren werden. Im Zeichnungssatz wird von einem idealen Zylinderinnendurchmesser von exakt 31 mm ausgegangen. Die Maße für den Kolbendurchmesser, die Eindrehung für den Kolbenring und der Kolbenring selbst sind darauf abgestimmt. In ihrem Fertigungsfall sind diese Maße entsprechend der tatsächlichen Zylinderinnendurchmesser zu korrigieren.

Arbeitskolben mit oberem Deckel

Detail Kolben mit Kolbenring

Der Kolben Pos. 3.11 + 4.11 wird aus Ms58-Rundmaterial auf der Drehbank nach Zeichnung hergestellt. Bei der Eindrehung für den Kolbenring ist darauf zu achten, dass die Ecken sauber ausgedreht werden.

Den Kolbenring Pos. 3.12 + 4.12 habe ich aus einem dickwandigen Bronzerohr hergestellt. Erst wird der Innendurchmesser gefertigt. Dann wird das Teil auf einen Hartholzdorn aufgezogen und der Außendurchmesser hergestellt. Siehe hierzu auch Hinweis auf Seite 18. Dann den Ring auf Länge bringen (5 mm). **Achtung: Länge genau an das Maß der Eindrehung im Kolben anpassen.** Der Ring darf auf keinen Fall ein axiales Spiel im Kolben haben. Zum Schluss wird der Kolbenring unter 45° mit einem 0,3 mm starken Sägeblatt aufgesägt.

Hinweis:

Metall-Sägeblätter mit 0,3 mm Stärke sind selten. Ich gehe dazu zu einem Goldschmied. Der hat diese Sägeblätter und hilft gerne mal aus.

Den Kolbenring nun sorgfältig entgraten. Keine Fasen herstellen! Der Kolbenring kann jetzt auf den Kolben aufgezogen werden.

Kolbenstange Pos. 3.13 + 4.13 nach Zeichnung drehen und Gewinde schneiden.

Zweigeteiltes Kurbellager Pos. 3.14 + 4.14 nach Zeichnung herstellen. Vorgehensweise wie oben generell beschrieben. Lagerunterschale mit der Kolbenstange verlöten. Lötstelle versäubern. Anmerkung: Eine Lötverbindung an dieser Stelle bedingt, dass die Kolbenstange vor dem Verschrauben mit dem Kolben erst durch den Zylinderdeckel gesteckt werden muss. Dies bedeutet allerdings keine Beschränkung bei der weiteren Montage.

Jetzt kann der Kolben in den Zylinder eingeführt werden. Dazu den Kolbenring zusammendrücken. Es folgt nun einer der spannenden Momente: Wie schwer bewegen sich die Teile ineinander? Klemmt der Kolben? Wie ändert sich die Gängigkeit bei festgeschraubtem Deckel? Man benötigt Öl, Einschleifpaste und vor allem Geduld! Irgendwann klappt's immer.

Schwenkbügel

Beim Schwenkbügel Pos. 3.16 + 4.16 wird als Erstes ein 1,5 mm starker Blechstreifen aus Ms58 mit 4 mm Höhe und etwa 100 mm Länge gefertigt. Vor dem Weiterverarbeiten Blechstreifen weichglühen. Nun den Blechstreifen mit Hilfe einer Schablone in eine U-Form biegen.

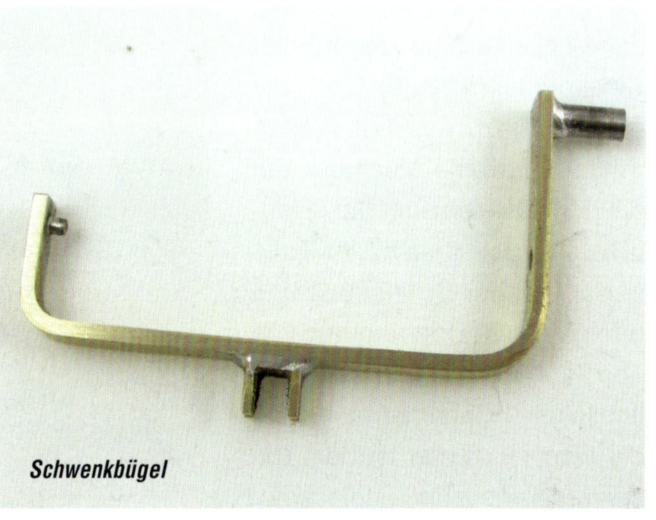

Schwenkbügel

Nach dem Biegen die Schenkel des U's auf Maß bringen und die Bohrungen für die Stifte und das Drehlager anbringen. Mitnehmer Pos. 3.17 + 4.17 sowie Lagerbolzen 3.18 + 4.18 nach Zeichnung fertigen und in

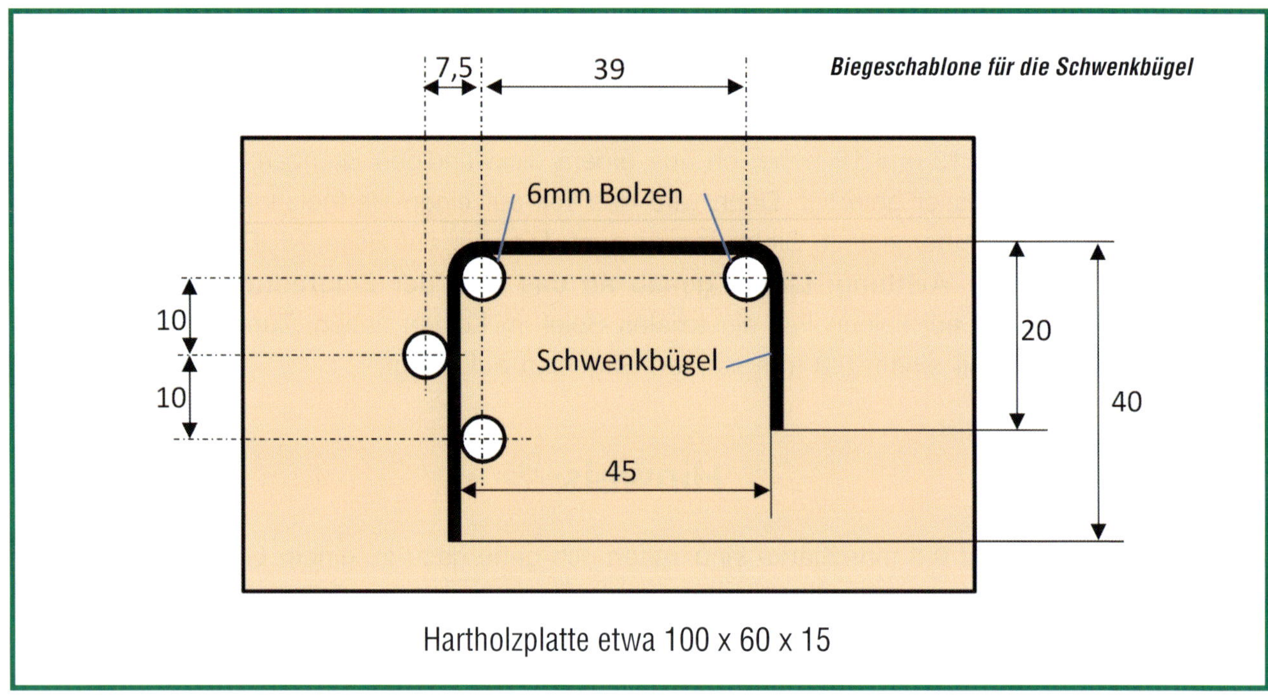

Biegeschablone für die Schwenkbügel

die entsprechenden Bohrungen des Schwenkbügels weich einlöten. Nun wird das Kreuzstück Pos. 3.19 + 4.19 für den Mitnahmestift der Schieberstange gefertigt und mit dem Schwenkbügel verlötet. Zum Schluss alle Lötstellen versäubern und Teil sorgfältig entgraten (besonders das Kreuzstück).

Jetzt kann der Schwenkbügel am Zylinder montiert und über das Kreuzstück mit der Steuerwelle verbunden werden. Dazu gibt es eine Detailzeichnung im Zeichnungssatz. Dort ist auch das Abstandsmaß zur Mitte des Muschelschiebers eingetragen.

Herstellen der Steuerung mit Umsteuerung Baugruppe 5 und 6

Die Steuerung hat die Aufgabe, die Dampfzuteilung zu den Zylinderstirnseiten respektive über die in den Totpunkten befindlichen Kolben sowie die Dampfrückleitung folgerichtig, der Winkelstellung der Kurbelwelle entsprechend, zu vollbringen. Dazu wird der Kurbelwinkel über eine Mechanik auf die Muschelschieber im Steuerkasten übertragen. Im Falle der Diesbar-Schiffsmaschine erfolgt diese Übertragung von den auf der Kurbelwelle befindlichen Mitnehmernaben auf die losen Exzenter, auf die Exzenterstange zum Schlossme-

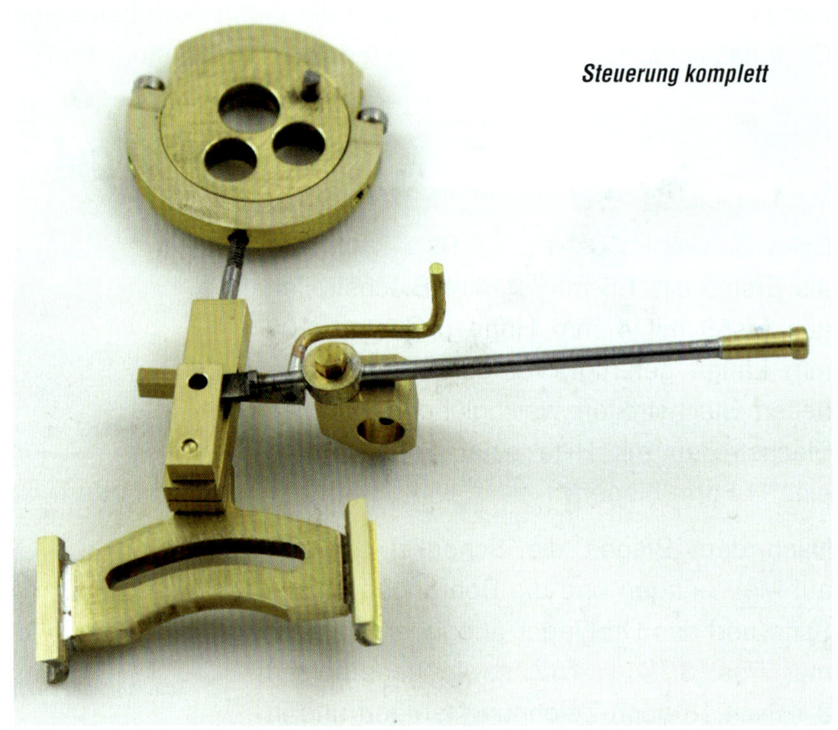
Steuerung komplett

Steuerung im eingebauten Zustand

chanismus und von dort auf die Pennsche Kulisse. Deren Hubbewegung wird vom Schwenkbügel aufgenommen und an die Steuerstange übertragen. Diese wiederum bewegt nun den Muschelschieber über die Ein-/Auslasskanäle.

Die Pennsche Kulisse sorgt dafür, dass der Exzenterhub auch beim ausschwenkenden Zylinder (Schwenkzylinder) bei jeder Schwenklage präzise am Steuerkasten und somit Muschelschieber ankommt. Eine Skizze der Steuerung ist auf Seite 9 zu sehen.

Der Schlossmechanismus ist zum Umsteuern der Drehrichtung notwendig. Mit seiner Hilfe kann die Zwangsführung Exzenter – Pennsche Kulisse unterbrochen (entriegelt) werden. Die folgende Skizze verdeutlicht die Schlossmechanik.

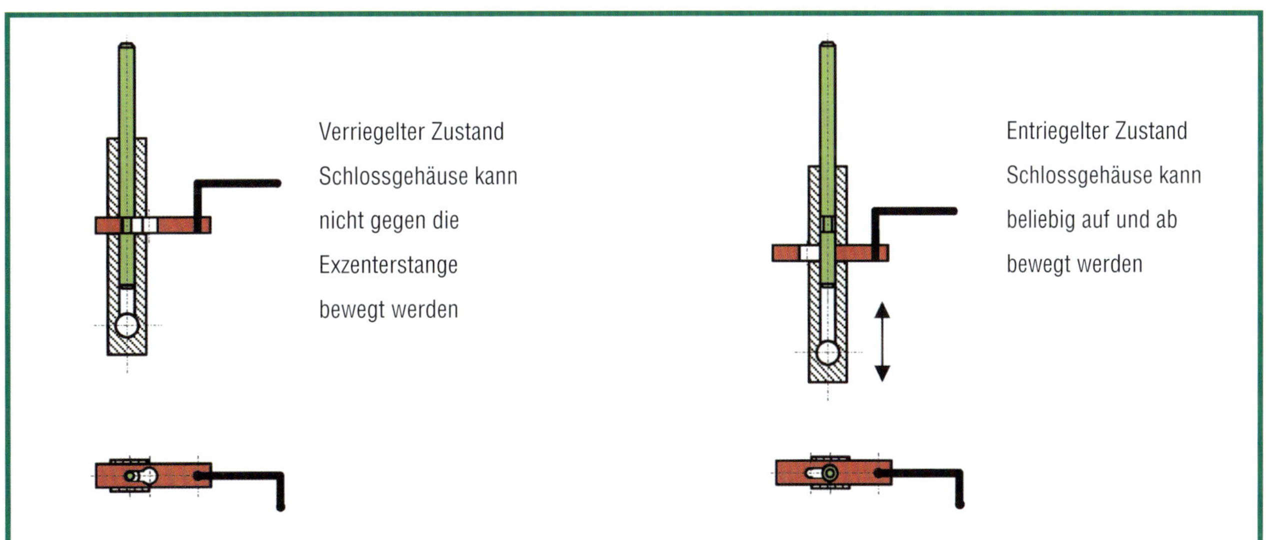

Vorbemerkung: Die Einzelteile der Steuerung sind für beide Zylinder identisch. Lediglich die Montage der Teile erfolgt seitenverkehrt. In der Stückliste haben die Teile unterschiedliche Positionen. Im Zeichnungssatz ist nur ein Teil dargestellt mit dem Hinweis auf beide Positionsnummern. Die folgende Baubeschreibung nennt immer nur ein Teil. Also immer verdoppeln.

Als Erstes wird die Schlossachse (eigentlich Exzenterstange) Pos. 5.12 + 6.12 nach Zeichnung gedreht. Bei der Schlossachse ist darauf zu achten, dass das Maß des Einstichs 1/10 mm größer ist als die Dicke des Riegels.

Pennsche Kulisse

Hierzu als Erstes die Form der Pennschen Kulisse Pos. 5.2 + 6.2 aus 3-mm-Ms58-Blech ausarbeiten. Dazu kann, wenn vorhanden, der Teilapparat auf dem Frästisch verwendet werden.

Hinweis zur Herstellung der Kulissenscheibe:

Man kann die Kulissenscheibe auch, wie in meinem Fall, durch Bohren, Sägen und Feilen herstellen. Dazu nehme ich eine maßstabgerechte Zeichnungskopie und klebe diese als Orientierungshilfe auf den Blechrohling. Jetzt werden an den beiden Enden des Kulissenschlitzes 2,5-mm-Bohrungen gefertigt. Von dort aus wird der Kulissenschlitz mit einer Metall-Laubsäge vorgesägt und dann mit der Feile auf Maß gebracht. Der Kulissenschlitz sollte so gefertigt werden, dass ein 3-mm-Bolzen leichtgängig, aber passgenau – ohne zu wackeln – darin gleitet. Jetzt kann die Außenkontur vorgesägt und danach auf Endmaß gebracht werden.

Zum Schluss Bohrung einbringen.

Jetzt werden die Führungsbuchsen Pos. 5.1 + 6.1 aus 10-mm-Rundmaterial auf Länge vorgefertigt und längsseits mit einem 3-mm-Schlitz versehen. In diesen Schlitz wird die Pennsche Kulisse gemäß Zeichnung eingelötet. Hier ist Hartlöten angesagt. (Mein erstes Teil habe ich weich gelötet. Diese Verbindung hat sich beim späteren Bohren gelöst.)

Hinweis zum Hartlöten:

Hartlöten ist laut Definition ein Lötvorgang, bei dem das Lot bei einer Temperatur von über 450 °C schmilzt. Die im Modellbau gebräuchlichen Hartlote sind Silberlote mit einer Schmelztemperatur ab etwa 670 °C. Um solche Temperaturen sicher zu erreichen, werden spezielle Gasbrenner angeboten. (Auch hier hilft der Baumarkt oder das Internet.) Auch für das Hartlöten gibt es eine Lötpaste (Mischung aus Flussmittel und gemahlenem Lot). Mit dieser Paste hatte ich allerdings nur bedingt Erfolg. Das Gleiche gilt für flussmittelummanteltes Lot. Die besten Ergebnisse erzielte ich mit normalem Silberlot-Flussmittel und Silberlot-Stäben mit 1 mm Durchmesser. Beides bezogen von Rexin-Löttechnik.

Vor dem Löten müssen die Teile sauber und fettfrei sein. Die zu verlötenden Teile sollten zueinander fixiert werden. Flussmittel auftragen. Mit Brenner bis auf Löttemperatur erhitzen. Lot sparsam zugeben und verfließen lassen. Nach dem Abkühlen Flussmittelreste mit warmem Wasser entfernen. Bei sparsamem Einsatz von Lot und gutem Verfließen braucht die Lötnaht meistens nicht nachgearbeitet zu werden. Allgemein gilt: Hartlöten ist etwas komplizierter als Weichlöten. Am besten mit Abfallstücken üben! Unfallgefahr: Teile werden sehr heiß. Schutzhandschuhe verwenden. Schutzbrille mit leichter Tönung verwenden. Bearbeitungshinweise des Lotherstellers beachten!

Nach dem Verlöten Teil in den Maschinenschraubstock spannen und auf der Fräsmaschine die 5H7-Bohrungen für die Führung fertigen. Wichtig! Das Abstandsmaß 38 mm und die Parallelität der beiden 5H7-Bohrungen müssen stimmen. Sonst klemmt das Ganze! Nun können die Führungen auf Maß gefräst werden. Hierzu gibt es im Zeichnungssatz einige Details. Zum Schluss das Teil versäubern. Man sollte nun die Leichtgängigkeit des Teils zwischen den festgeschraubten Säulen testen und gegebenenfalls einschleifen. Das erspart später lästige Zwischendemontagen.

Schlossgehäuse

Ein wesentlicher Teil des Schlossgehäuses Pos. 5.3 + 6.3 ist die Vierkant-Bohrung 2 mm x 3 mm.

Ich wollte mir das Feilen einer 2 x 3-mm-Innen-Vierkants ersparen. Deshalb habe ich das Schlossgehäuse aus zwei Teilen hergestellt. Im Zeichnungssatz ist das Schlossgehäuse als ein Teil gezeichnet. Der Fachmann kann den Innen-Vierkant sicher auch auf andere Weise herstellen.

Hinweis zur Herstellung des zweigeteilten Schlossgehäuses:

Erst die beiden Gehäuseteile mit etwas Übermaß fertigen und die Schlitze für den Riegel einfräsen. Sparsam Lötpaste auf die Verbindungsflächen auftragen und zusammenfügen. Dabei darauf achten, dass die Schlitze genau übereinstimmen. Am besten mit einem 2-mm-Streifen justieren und dann verklemmen. Beide Teile zusammenlöten. Es sollte möglichst kein Lot in den Innen-Vierkant fließen. Das verlötete Teil auf Maß bringen und den Innen-Vierkant sorgfältig von Lotresten säubern.

Jetzt die Bohrungen nach Zeichnung fertigen.

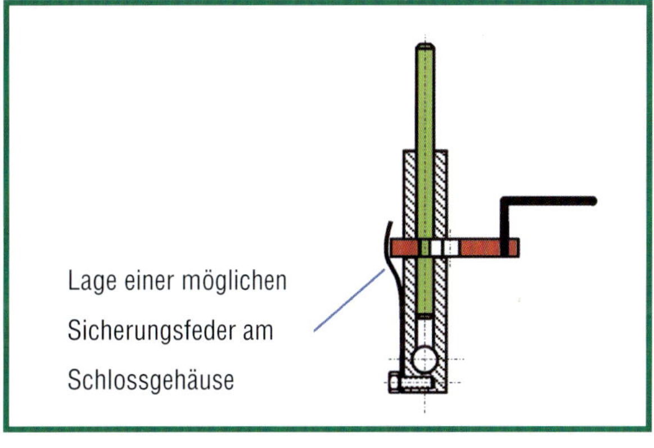

Für den Riegel Pos. 5.4 + 6.4 ein 2-mm-Ms58-Blech in den Vierkant des Schlossgehäuses einpassen. Beim Bajonettverschluss erst die 2-mm-Bohrung herstellen und dann die 1,2-mm-Längsschlitze einfräsen. Zusammen mit der Schlossachse (Exzenterstange) im Schlossgehäuse auf Funktion testen. Achtung: Das Ein- und Ausrasten der Schlossachse in den Riegel sollte nicht zu leichtgängig erfolgen. Es besteht sonst die Gefahr, dass sich beim Betrieb der Verschluss selbstständig löst. Gegebenenfalls den Riegel mit einer Flachfeder sichern. Etwa so wie in der nebenstehenden Skizze.

Am Ende des Riegels die 1-mm-Bohrung gemäß Zeichnung anbringen. Jetzt den Riegelhebel Pos. 5.5 + 5.6 aus 1-mm-Messingdraht biegen und in die 1-mm-Bohrung des Riegels einlöten.

Nun werden die Lagerbolzen lang Pos. 5.13 + 6.13 und die Lagerbolzen kurz Pos. 5.14 + 6.14 gedreht.

Hinweis:

Beim Lagerbolzen lang ist darauf zu achten, dass die Länge des 3-mm-Anteils 1/10 mm größer ist als die Dicke von Pennscher Kulisse und Schlossgehäuse zusammen.

Nun die Teile für den Umsteuerhebel herstellen. Hierzu zählen Umsteuerhebel vorne Pos. 5.7 + 6.7 und Umsteuerhebel hinten Pos. 5.8 + 6.8, Hebelauge Pos. 5.9 + 6.9 und Griffstück Pos. 5.10

+ 6.10. Diese Teile nach Zeichnung fertigen und mit Weichlot verlöten. Achtung: Das M2-Gewinde im hinteren flachen Teil des Umsteuerhebels wird nur vorgeschnitten. Die darin bei Montage einzudrehende Gewindestange Pos. 5.16 + 6.16 soll ohne Sicherungsmittel fest sitzen. Jetzt noch den Ausgleichshebel Pos. 5.6 + 6.6 und das Umsteuerhebellager Pos. 5.11 + 6.11 nach Zeichnung herstellen. Der Schlitz im Ausgleichshebel wird so ausgeführt, dass die flache (hintere) Seite des Umsteuerhebels mit ca. 1/10 mm Spiel passt.

Die Außenkontur des losen Exzenters Pos. 5.18 + 6.18 auf der Drehbank fertigen. Die Bohrungen auf dem Kreuztisch der Fräsmaschine bohren. Passung ausreiben. Den Mitnehmerbolzen Pos. 5.20 + 6.20 aus 2-mm-Silberstahldraht ablängen und in die Bohrung des losen Exzenters einlöten. Das zweiteilige Exzenterlager Pos. 5.19 + 6.19 wie in der generellen obigen Bauanleitung beschrieben herstellen. Die innere Kontur wird auf der Drehbank im normalen Dreibackenfutter angefertigt. Die den losen Exzenter bewegende Mitnehmernabe Pos. 8.9 wird in der Baugruppe 8 Kurbelwelle beschrieben.

Die Teile für die Steuerung können nun vormontiert werden.

Herstellen der Luftpumpe Baugruppe 7

Vorbemerkung: Hier wurde einfach der englische Ausdruck „air pump“ in Luftpumpe übersetzt. Der Ausdruck Luftpumpe ist im deutschen Sprachgebrauch heutzutage eigentlich den Überdruck erzeugenden Pumpen vorbehalten. Der hier vorliegende Einsatzfall ist aber die Erzeugung von Unterdruck, also Vakuum. Es soll dem Abdampf aus den Arbeitszylindern eine höhere Drucksenke geboten werden. Außerdem wird durch den Unterdruck Flusswasser in den Kondensatorbereich gesaugt bzw. eingesprüht. Der Abdampf kondensiert dadurch besser und bewirkt eine weitere Druckabsenkung.

Luftpumpe komplett

Als Erstes wird der Pumpzylinder Pos. 7.6 gefertigt. Dazu ein Messingrohr 28 x 2 innen sehr fein überdrehen und außen überschmirgeln. Rohr auf Länge mit 0,3 mm Übermaß drehen. Pumpzylinderdeckel unten Pos. 7.9 drehen, bohren und Gewinde schneiden. Pumpzylinderdeckel oben Pos. 7.7 sowie Kolbenführung Pos. 7.8 drehen und verlöten. Dabei Durchmesser des Kragens an Innendurchmesser des Zylinders anpassen. Danach die 4 Durchgangslöcher bohren. Jetzt den Zwischenboden Pos. 7.11 und die Distanzhülse Pos. 7.12 drehen. Die Distanzhülse in der Länge mit 0,3 mm Übermaß fertigen. Nun den unteren Deckel, die Distanzhülse und den Zwischenboden durch Weichlöten mit dem Pumpzylinder verbinden. Zylinder am oberen Ende auf Länge drehen und alle anderen Außen- und Innenflächen sauber verschmirgeln. Lotreste dabei entfernen. Jetzt können die Gewindebohrungen auf die obere Stirnseite des Zylinders und die Durchgangslöcher in den Zwischenboden gebohrt werden. Dabei

Kondensatorrohr der Luftpumpe wird in der Drehbank justiert

auf die Lage der Bohrungen zu den Hauptachsen achten. Nach dem Gewindeschneiden wird der obere Deckel mit dem Zylinder verschraubt. Im verschraubten Zustand werden die Flächen für die Kreuzkopfführungen angefräst. Auch hierbei auf die Lage der Flächen zu den Hauptachsen achten! Jetzt noch die jeweils 2 Gewinde für die Kreuzkopfführungen in den Flächen des Pumpzylinders herstellen. Rechtwinklig dazu ist nun die 5-mm-Bohrung mit 7 mm Ansenkung auf der Fräsmaschine zu fertigen. In diese Ansenkung wird das Dampfausleitungsrohr Pos. 7.25 mit angelöteter gerader Verschraubung Pos. 7.26 eingeklebt. Dies geschieht in bewährter Manier mit Zweikomponentenkleber. Klebestellen versäubern und 10 Stunden trocknen lassen. Die oben erwähnte gerade Verschraubung für 5er Rohr ist ein fertig gekauftes Teil. Zum Pumpzylinder gibt es eine separate Zusammenstellzeichnung, auf der die Maße eingetragen sind, welche nach dem Zusammenlöten relevant sind. Als letzte Arbeit bei der Herstellung des Zylinders für die Luftpumpe wird die Flachdichtung Pos. 7.10 aus einer maximal 0,5 mm dicken Gummi-(Viton-)Platte gefertigt. Diese Dichtung dient als Ventil im Bodenflansch und lässt je nach Kolbenbewegung Medium durch oder sperrt ab. Diese Flachdichtung zweifach anfertigen. Sie wird auch am Kolben für denselben Zweck benötigt.

Nun werden die Drehteile für das Kondensatorteil der Luftpumpe hergestellt. Für das Kondensatorrohr Pos. 7.1 wird ein Messingrohr 40 x 2 innen und außen mit kleinstem Span überdreht bzw. überschmirgelt und auf Länge gedreht. Kondensatordeckel oben Pos. 7.2 und Kondensatordeckel unten Pos. 7.3 drehen. Beide Deckel in das Kondensatorrohr mit Weichlot einlöten und nochmals überschmirgeln. Lotreste dabei entfernen.

Als Nächstes wird die Lagerzapfenaufnahme Pos. 7.5 gedreht und die konvexe Fläche mit dem Schlagzahnfräser eingearbeitet. In die Mittelbohrung wird der Lagerzapfen Pos. 7.4 eingelötet. Dieser besteht aus einem hohlgebohrten 6-mm-Silberstahldorn. Nach dem Löten versäubern und Lotreste entfernen. Die zusammengelöteten Lagerzapfen mit Aufnahme werden wieder mit bekanntem Zweikomponentenkleber an das Kondensatorrohr geklebt. Zur genauen Justage Dreibackenfutter und Bohrfutter der Drehbank verwenden. Siehe Foto oben.

Nach dem 10-stündigen Aushärten wird die Mittelbohrung im Lagerzapfen durchgebohrt (durch die Wandung des Kondensatorrohrs). Für die Kondensatausleitung wird rechtwinklig dazu ein M6 Durchgangsgewinde in die Wand des Kondensatorrohrs geschnitten.

Nun wird die Kondensatausleitung Pos. 7.23 aus einem 4 x 0,5-Ms-Rohr abgelängt und mit der Gewindebuchse Pos. 7.24 verlötet. Das verlötete Teil wird in das M6-Gewinde des Kondensatorrohrs eingeschraubt. Auch hier ist im Zeichnungssatz eine separate Zusammenstellzeichnung vorhanden.

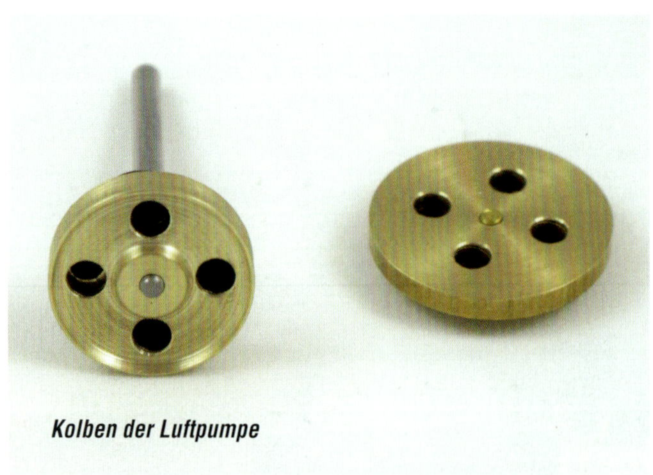
Kolben der Luftpumpe

Beim Drehen des Pumpkolbens Pos. 7.14 ist darauf zu achten, dass dieser sehr leicht – mit etwa 0,1 mm Spiel – im Zylinder bewegt werden kann. Jetzt die Gewindebohrung zur Befestigung der Kolbenstange herstellen. Der Kolben bekommt außerdem vier radial angeordnete Bohrungen gemäß Zeichnung. Diese Bohrungen werden durch eine maximal 0,5 mm starke Flachdichtung Pos. 7.10 aus Vitilan abgedeckt (siehe oben). Nun kann die Kolbenstange Pos. 7.13 aus 4-mm-Silberstahl gedreht werden.

Jetzt wird das Kolbenstangenlager Pos. 7.15 nach Zeichnung gedreht und gebohrt und mit dem oberen Ende der Kolbenstange verlötet. Dieses Kolbenstangenlager ist quasi das Auge für das Kreuzkopfgelenk.

Dazu als Erstes den Kreuzkopf (Gabel) Pos. 7.19 herstellen. Dann das zweiteilige Pleuellager Pos. 7.20 gemäß genereller Baubeschreibung fertigen. Die Triebstange Pos. 7.18 aus 4-mm-Silberstahl herstellen und mit dem Kreuzkopf und dem Pleuellager verlöten. Nun die Führungswelle Pos. 7.17 aus 3-mm-Silberstahldraht und die Führungshülse Pos. 7.16 aus Messingrohr 4 x 0,5 gemäß Zeichnung herstellen. Diese werden bei Montage durch die Madenschraube im Kreuzkopf justiert.

Zur vertikalen Führung des Kreuzkopfgelenks werden nun die beiden Vertikalführungen Pos. 7.21 gefertigt. Hier ist auf sorgfältige Ausführung zu achten. Diese beiden Führungen dienen auch als Halter. Dort wird bei Montage die komplette Luftpumpe befestigt. Sie besitzt keine weiteren direkten Verbindungen zum Rahmen.

Als Nächstes werden die beiden Querholme Pos. 7.22 aus Messing-L-Profil gefertigt.

Jetzt sind alle Teile zur Luftpumpe fertig bearbeitet. Ich habe diese Baugruppe nun vormontiert und auf Leichtlauf getestet. Dabei kann auch beobachtet werden, ob eine gewisse Pumpwirkung beim Heben des Kolbens erfolgt. Achtung: Hier wird ganz klar auf Pumpwirkung zugunsten der Leichtgängigkeit verzichtet.

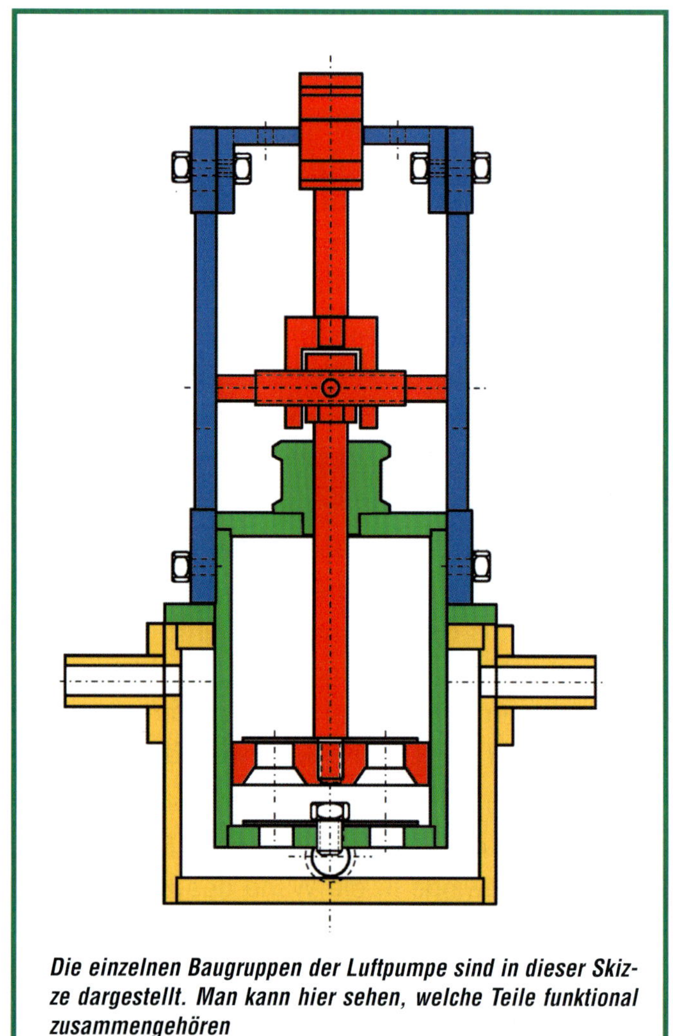
Die einzelnen Baugruppen der Luftpumpe sind in dieser Skizze dargestellt. Man kann hier sehen, welche Teile funktional zusammengehören

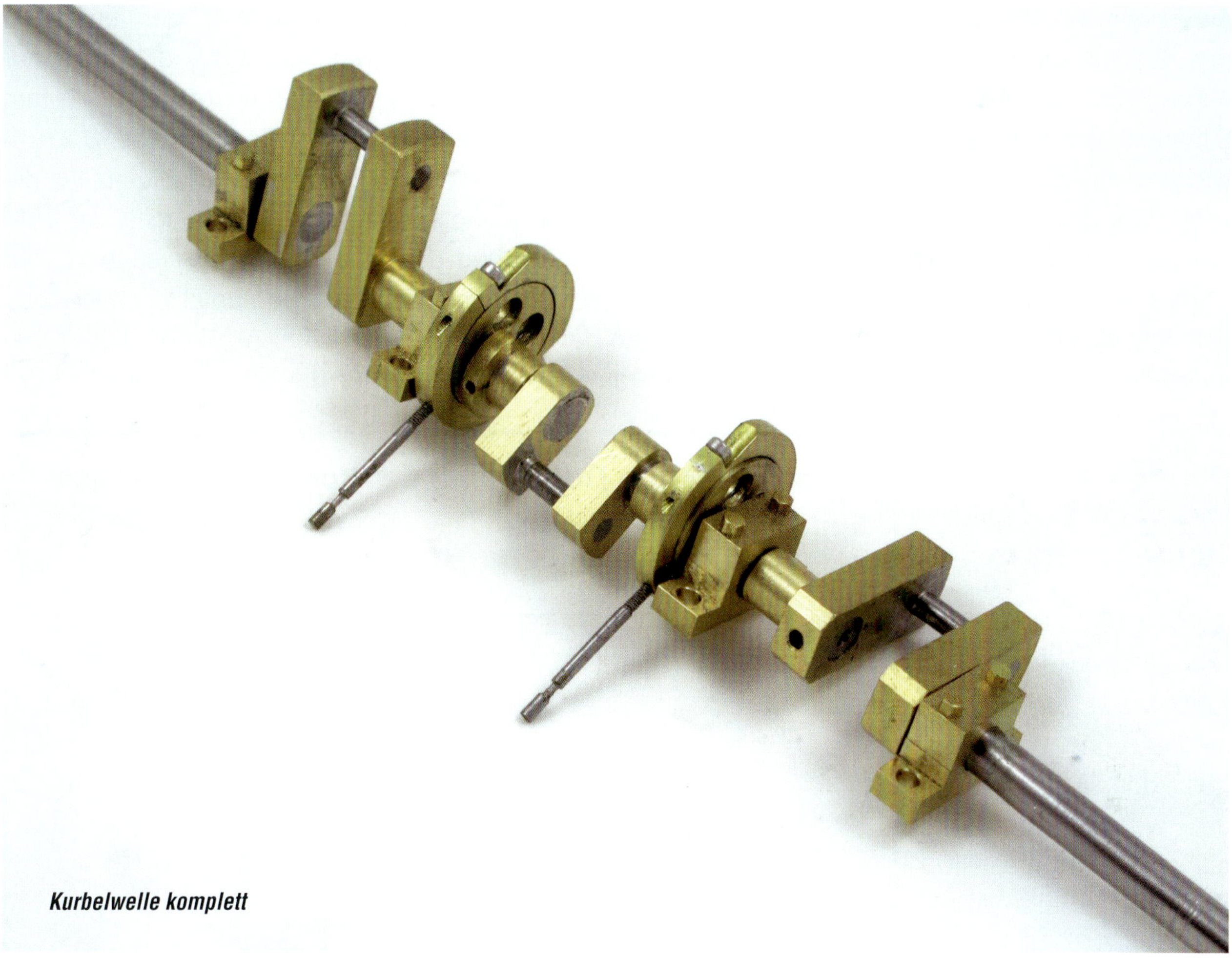

Kurbelwelle komplett

Herstellen der Kurbelwelle Baugruppe 8

In der Original-Maschine ist die Kurbelwelle mit sogenannten Schlepp-Kurbelzapfen ausgeführt. Das heißt, die am Zylinder-Kurbeltrieb auf der Außenseite befindliche Kurbelwange ist mittels Gewindebolzen und Mutter mit dem Kurbelzapfen verbunden. Dies erleichtert die Montage wesentlich, besonders im engen und nur eingeschränkt begehbaren Schiffsbauch. Im Modell habe ich die Trennung prinzipiell beibehalten, dabei allerdings aus Stabilitätsgründen die Trennstelle auf die Wellenseite der inneren Kurbelwangen gelegt. Siehe nachstehende Skizze. Außerdem musste ich durch diese Anordnung der Trennstelle den losen Exzenter und die Mitnehmerscheibe nicht zweigeteilt ausführen.

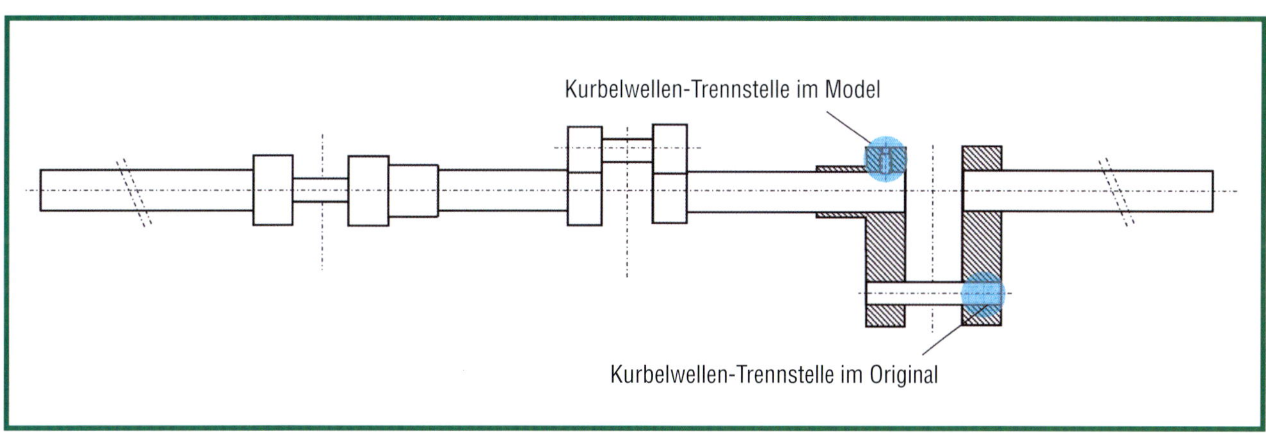

Als Erstes werden alle Kurbelwangen für die Arbeitszylinder Pos. 8.3 + 8.4 und für die Luftpumpe Pos. 8.5 mit etwas Übermaß hergestellt. Nun werden die Kurbelzapfen Pos. 8.6 + 8.7 aus einer 4-mm-Silberstahlwelle hergestellt. Die Kurbelwellenteile Pos. 8.1 + 8.2 werden aus einer 7 mm Silberstahlwelle gefertigt. Dabei werden die beiden innenliegenden Wellenteile, also Pos. 8.2, zusammen als ganzes Stück mit 102 mm Gesamtlänge gelassen. So kann der Kurbeltrieb für die Luftpumpe aus einem Stück gefertigt werden. Nach dem Verlöten mit den Kurbelwangen der Luftpumpe wird die Welle zwischen den Wangen aufgesägt und das komplette Teil versäubert. Der Radius R=18,5 der Luftpumpen-Kurbelwangen wird nach dem Löten gedreht. Jetzt noch die beiden Anpress-Flächen für die Madenschrauben an der 7-mm-Welle anfräsen. Achtung! Hier ist besonders auf die Lage der Flächen zu achten. Das ist entscheidend für die Steuergenauigkeit der Maschine.

Hier die verschiedenen Winkel am Kurbeltrieb als Übersichtsskizze:

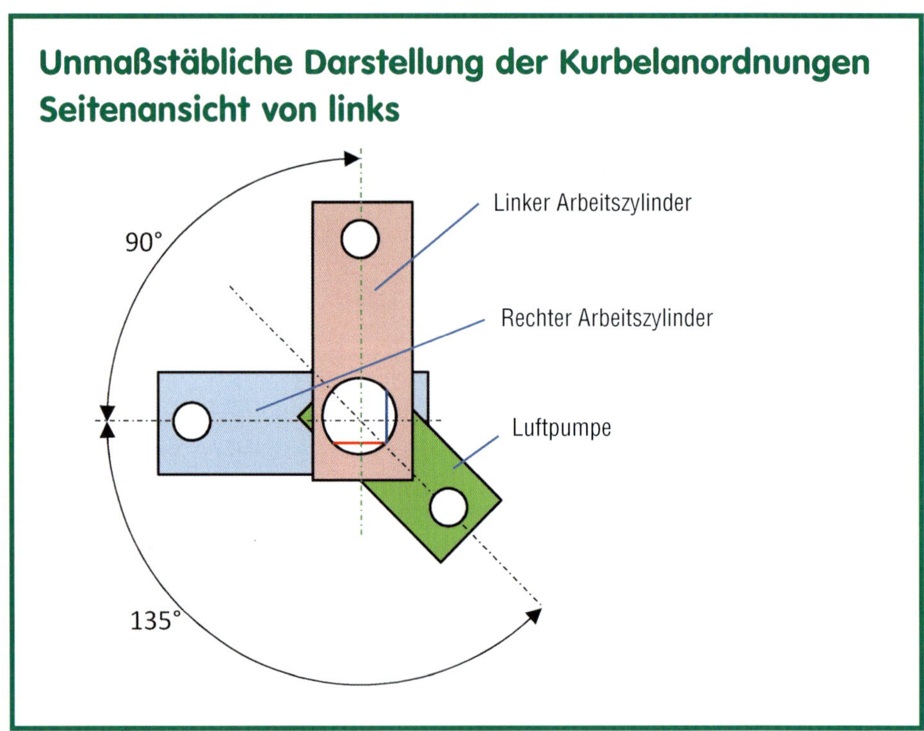

Die äußeren Teile der Kurbelwelle mit den beiden Kurbelwangen der Arbeitszylinder werden ebenfalls als ein Teil hergestellt. Dazu die äußeren Wellen Pos. 8.2 mit reichlich Überlänge (ca. 95 mm Gesamtlänge) herstellen. Diese Kurbelwelle wird durch beide Wangen gesteckt, aber nur mit der jeweils äußeren verlötet. Das überstehende Stück Welle wird nach dem Löten abgesägt. Teil versäubern und Radius R = 22,5 an den Wangen andrehen. Nun die M2-Gewinde für die Madenschrauben in den inneren Kurbelwangen herstellen.

Zum Schluss die beiden Mitnehmernaben Pos. 8.9 nach Zeichnung fertigen.

Hinweis:

Dazu zwei 9,5-mm-Hülsen drehen. Für die Mitnehmer ist ein Ring mit 15 mm Außendurchmesser, 9,5 mm Innendurchmesser und 3 mm Stärke notwendig. Diesen in der Mitte durchtrennen und auf Maß fräsen. Dieses Ringteil wird nun mit der Hülse verlötet. Zum Schluss M2-Gewinde für die Madenschraube (zum Fixieren) herstellen.

Jetzt kann die Kurbelwelle zum ersten Mal noch ohne Anhängsel (Exzenter, Mitnehmerscheiben, Pleuellager) in die Kurbelwellenlager des Oberrahmens montiert werden. Auf Leichtlauf testen. Funktioniert das auf Anhieb, dann wurde sehr präzise gearbeitet. Ich musste nochmals gründlich einschleifen.

Zusammenbau / Montage

Vor dem kompletten Zusammenbau sind einige Vormontagen notwendig. Das sind:

- Arbeitszylinder
- Steuerungsmechanik
- Luftpumpe
- Antriebseinheit mit Oberrahmen und Kurbelwelle

Vormontage Arbeitszylinder:

Kolbenstange durch den oberen Deckel schieben.

Kolben mit Kolbenring auf Kolbenstange fest einschrauben.

Kolben einölen und in den Zylinder einführen.

Oberen Deckel festschrauben. Dichtmittel auf Stirnfläche verwenden.

Unteren Deckel montieren. Dichtmittel auf Stirnfläche verwenden.

Muschelschieber in Steuerkasten mit Hilfe der Steuerstange und der Führung montieren.

Einstellmaß Y beachten.

Bewegliche Teile leicht einölen.

Steuerkasten zusammen mit Steuerkastendeckel auf Spiegel montieren. Auch hier Dichtmittel verwenden.

Als Dichtmittel kann sowohl geeignete geölte Papierdichtung oder aber dauerelastisches Dichtmaterial als Paste verwendet werden.

Schwenkbügel montieren und Schieberstange in den Kreuzkopf einhängen.

O-Ring-Dichtung in die Lagernaben einlegen.

Druckstücke lose in die Lagernaben eindrehen.

Der vormontierte Zylinder sieht dann so aus wie auf dem Foto Seite 17.

Hinweis:

In diesem Zustand muss die Funktion getestet werden. Dazu wird ein provisorischer Pressluftanschluss in die Lagernabe der Einlassseite gesteckt und Pressluft angeschlossen. Durch Bewegen des Schwenkbügels muss der Kolben Hub und Gegenhub vollbringen. Ist der Test erfolgreich, kann die Montage fortgesetzt werden.

Vormontage Steuerungsmechanik:

Umsteuerhebel am Hebellager befestigen. Dazu Lagerbolzen kurz Pos. 5.14 durch das Auge des Umsteuerhebels stecken und im Umsteuerhebellager festdrehen.

Flaches Ende des Umsteuerhebels im Schlitz des Ausgleichhebels mit Madenschraube befestigen. Achtung: Madenschraube darf auf keiner Seite des Ausgleichhebels überstehen.

Pennsche Kulisse, Schlossgehäuse und Ausgleichshebel zusammenschrauben. Auf Leichtgängigkeit achten.

Vormontage Luftpumpe:

Ist bereits in der Bauanleitung zur Luftpumpe ausführlich beschrieben.

Vormontage Antriebseinheit:

Untere Hälften der Lagerböcke auf dem Oberrahmen montieren.

Mitnehmernabe und losen Exzenter mit Exzenterstange auf das Mittelteil der Kurbelwelle schieben.

Äußere Teile (Kurbeln der Antriebszylinder) auf den Mittelteil aufstecken und mit Madenschraube nachhaltig sichern.

Mitnehmernabe gemäß Skizze Seite 34 justieren und mit Mabenschraube sichern.

Komplette Kurbelwelle in die Lagerschalen einlegen und Lagerschalenoberteile montieren.

Das Ganze sollte jetzt so aussehen:

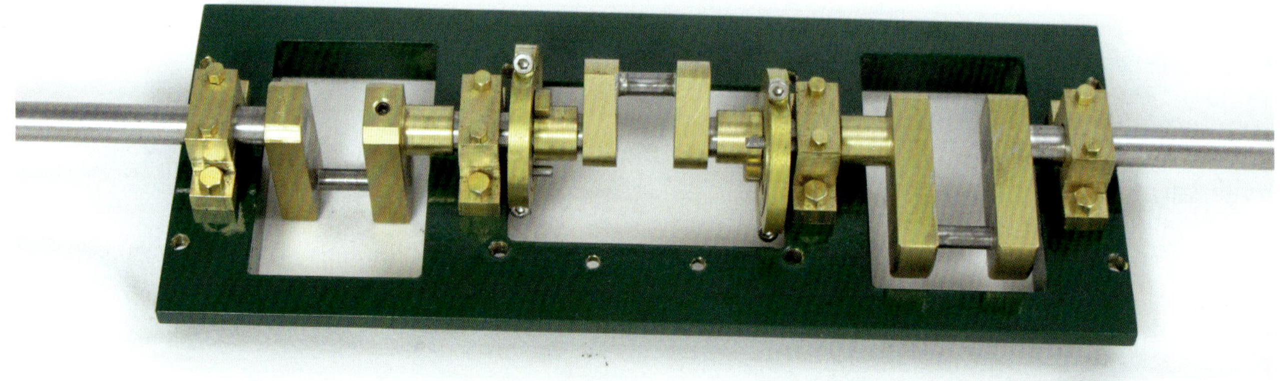

Endmontage:

An den Kolbenstangen der Arbeitszylinder die oberen Lagerschalen des Pleuellagers entfernen.

An der Kolbenstange der Luftpumpe die obere Lagerschale des Pleuellagers entfernen.

Schwenklagerböcke über die Lagernaben der Arbeitszylinder schieben.

Die inneren Lagernaben der Arbeitszylinder auf die Lagerbolzen der Luftpumpe stecken.

Die komplette Zylindergruppe auf die Grundplatte stellen und die Lagerböcke von unten lose festschrauben (siehe Foto nächste Seite oben).

Zylindereinheit auf Grundplatte ausrichten.

Lagerböcke festschrauben.

Leichtgängigkeit der Schwenkbewegung testen, gegebenenfalls nachjustieren.

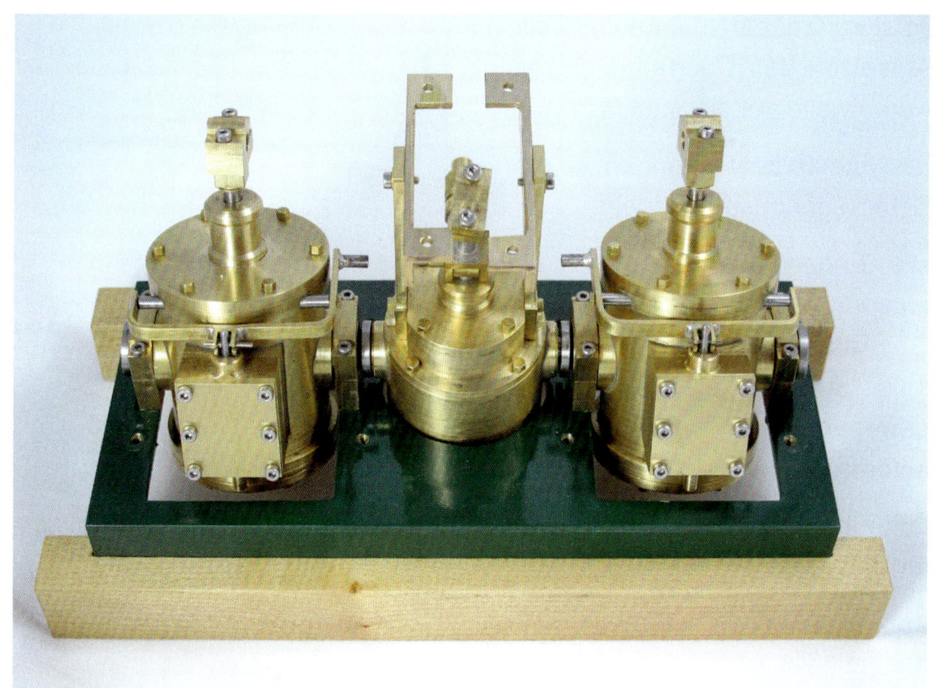

Die inneren Säulen lose in die Grundplatte schrauben.

Die Pennsche Kulisse mit den Führungen zwischen die Säulen einstecken, dabei gleichzeitig das Hebellager in die vordere Säule einfädeln.

Mitnehmerbolzen des Schwenkbügels in den Kulissenschlitz einführen.

Säulen festziehen.

Hebellager auf richtige Höhe justieren und mit Madenschraube sichern.

Äußere Säulen montieren und festschrauben (Foto unten).

Kolben der Arbeitszylinder und der Luftpumpe in unteren Totpunkt stellen.

Beide Arbeitszylinder nach einer Seite kippen.

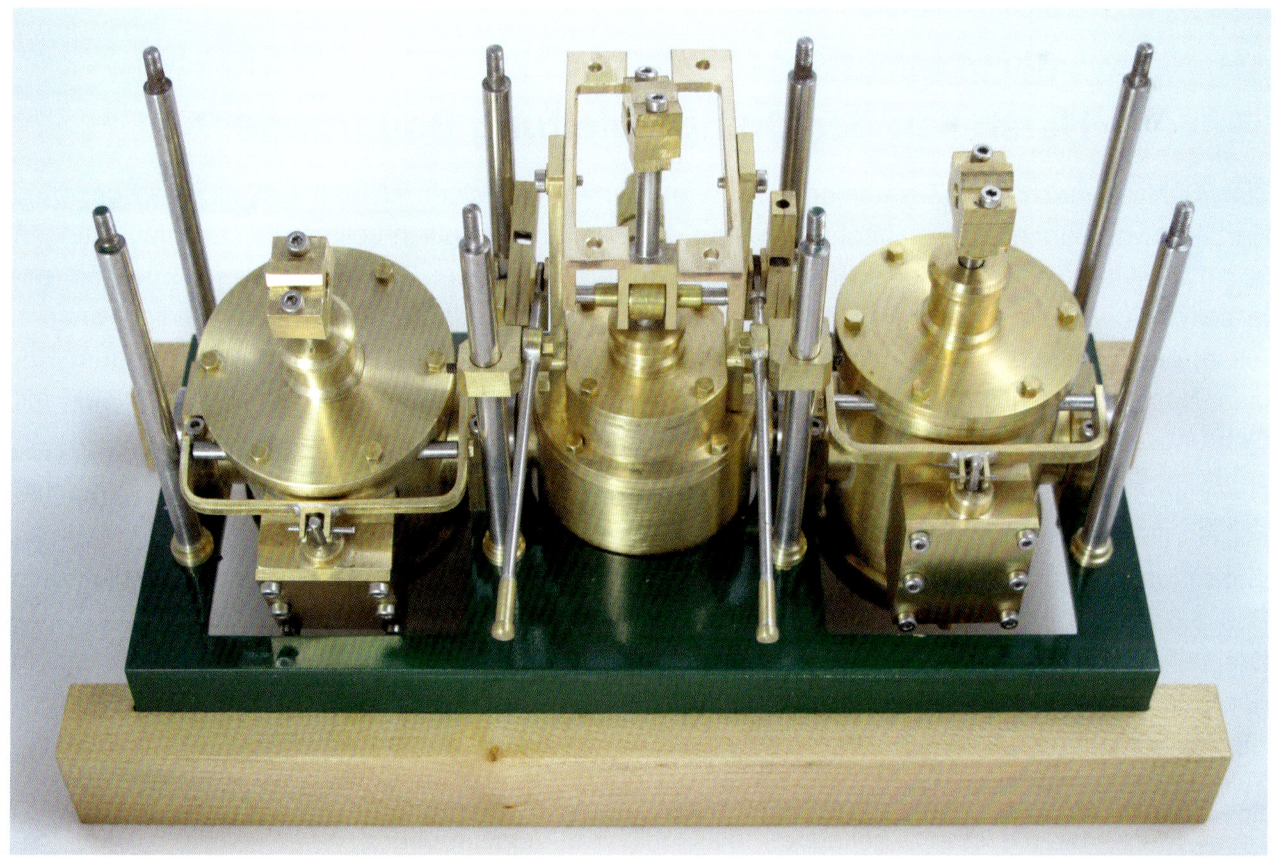

Jetzt kommt ein spannender Teil: Aufsetzen des Oberrahmens mit Kurbelwelle auf die Säulen.

Erst die Exzenterstangen in die Schlossgehäuse einfädeln.

Die Enden der Säulen in die entsprechenden Bohrungen des Oberrahmens einführen. Dabei muss durchaus etwas Kraft aufgewendet werden. Muttern lose aufdrehen.

Luftpumpe über die Querholme am Oberrahmen befestigen.

Kolbenstangen der Arbeitszylinder mittels oberer Pleuellagerschale an der Kurbelwelle befestigen.

Jetzt kann zum ersten Mal der gemeinsame Rundlauf der beiden Arbeitszylinder getestet werden. Wenn im Vorfeld alle Maße kontrolliert wurden und alle Leichtlauftests erfolgreich beendet wurden, kann hier eigentlich nichts mehr schiefgehen.

Läuft alles einigermaßen rund, wird als Letztes die Kolbenstange der Luftpumpe in der Mitte der Kurbelwelle befestigt (Foto oben).

Herstellen der Dampfzuleitung Baugruppe 9

Zum Schluss, nach dem Zusammenbau, habe ich mir noch einen kleinen Leckerbissen gegönnt: Hartlöten von dünnen Edelstahlröhrchen, und das kam so: Eigentlich sollten die Dampfzuleitungen in die äußeren Schwenklager schön gleichmäßig und mit engem Radius gebogene Edelstahlrohre sein. Ich weiß im Prinzip, wie das geht, und habe mich auch bei Fachleuten kundig gemacht. Allein, die Biegungen wurden nicht schön, nicht gleichmäßig und vor allem nicht mit engem Radius. Nach dem zehnten Versuch gab ich das Biegen auf und habe mich für eine Lötversion mit Gehrungsschnitten entschieden.

Dazu werden zuerst die einzelnen Rohrteile nach Zeichnung Pos. 9.1 – 9.4 gefertigt. Zum Verlöten mit Hartlot sollten die Teile auf einer geeigneten, feuerfesten Unterlage (z. B. gelochte Keramikplatte) justiert werden. Lötnähte auf Dichtheit prüfen und versäubern. Danach die Anschlussteile Pos. 9.5 und 9.6 drehen. Pos. 9.5 wird in das kurze Ende des Edelstahlkrümmers eingeklebt. Das Drehteil Pos. 9.6 wird mit der gekauften Verschraubung Pos. 9.7 weich verlötet und ebenfalls in den Edelstahlkrümmer eingeklebt. Vor dem Kleben Überwurfmutter aufstecken. Diese darf nicht mit Kleber in Berührung kommen. Als Kleber verwende ich auch hier den schon mehrfach erwähnten Zweikomponentenkleber.

Das T-Stück Pos. 9.8 ist eine gekaufte metallgedichtete Verschraubung.

Zum Schluss werden noch die beiden Halter Pos. 9.9 gebogen und das Ganze montiert.

Die von mir gebaute Version mit Gehrungsschnitten ist im Zeichnungssatz dargestellt. Eine vom Fachmann gebogene Version sieht sicher genauso gut aus.

Inbetriebnahme

Nach der Montage und dem von Hand geprüften Rundlauf beginne ich mit der üblichen Einlaufprozedur.

Einstellen der Steuerzeiten. Hier ist in erster Linie die Lage der Mitnehmernabe zur Lage des zugehörigen Arbeitszylinders maßgeblich. Hier die zugehörige Skizze:

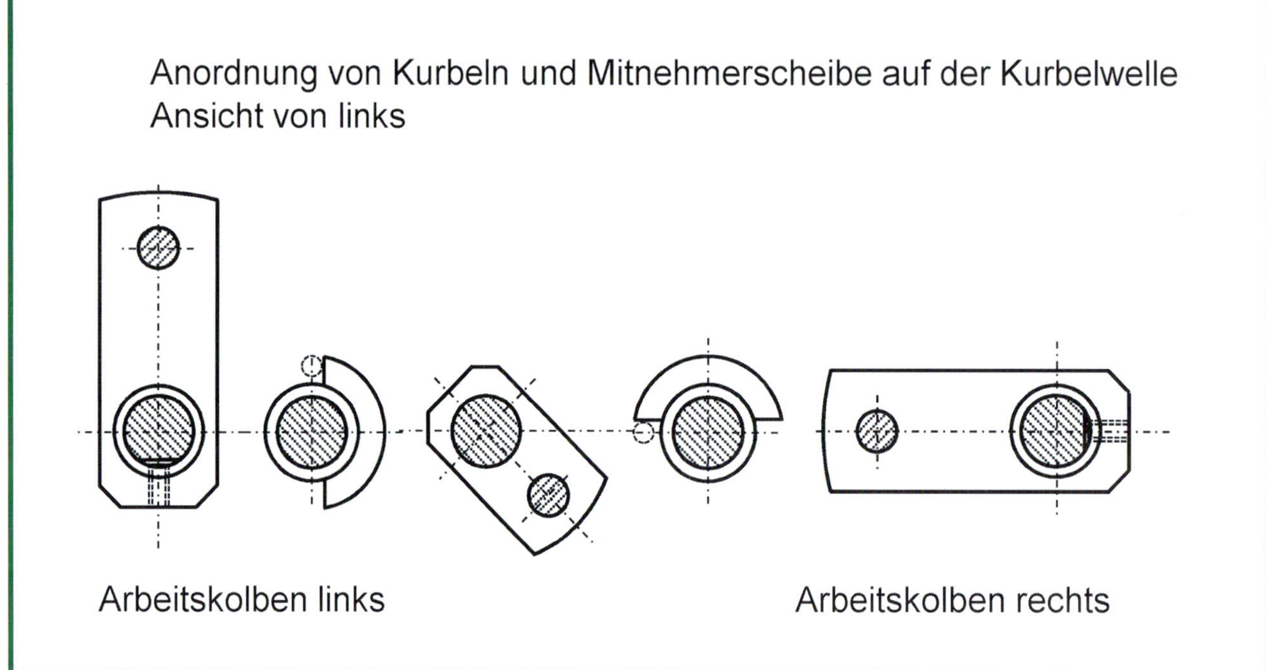

Alle beweglichen Teile ölen.

Kurbelwelle mehrmals von Hand in beide Richtungen durchdrehen. Dabei besonders auf Kollisionen und/oder Klemmungen achten.

Eventuelle Problemstellen beseitigen.

Dann erfolgt der Drehtest mit dem Akku-Schrauber; erst ganz vorsichtig und langsam.

Die Einlaufzeit mit dem Akku-Schrauber sollte mindestens eine Stunde betragen!

Anmerkung: Anstelle des Akku-Schraubers kann zum Einlaufen auch die Drehbank verwendet werden. Hierbei am Beginn sehr vorsichtig agieren.

Nach dem Einlaufen demontieren, Abrieb beseitigen, sorgfältig reinigen und bewegliche Teile ölen.

Erneute Montage wie oben beschrieben.

Nun beginnt der Drucklufttest, bei mir obligatorisch mit der Fahrrad-Luftpumpe. Bedingt durch das für Modellmaschinen relativ große Volumen der Arbeitszylinder, die zweizylindrige Ausführung und den Gasdruck von etwa 2 bar ist das Drehereignis beim Benutzen der Fahrradpumpe bescheiden. Pro Hub dreht sich die Kurbelwelle etwa ½ Umdrehung. Das genügt allerdings, um die grundsätzliche Funktionalität – sprich Steuerungseinstellung – zu testen. Auf diese Weise lässt sich auch prüfen, ob beide Drehrichtungen funktionieren. Hierzu kann in diesem Ausnahmefall die Umsteuerung durch Gegendrehen der Kurbelwelle von Hand eingeleitet werden.

Nach dem Fahrradpumpen-Test geht's mit motorisch erzeugter Druckluft weiter. Wenn möglich die Druckbegrenzung auf 2 bar einstellen.

Anmerkung: Das Original der beschriebenen oszillierenden Dampfmaschine ist eine direkt wirkende Schiffsdampfmaschine für Raddampfer. Die maximale Drehzahl liegt beim Original bei 38 Umdrehungen pro Minute. Das Modell sollte ebenfalls in diesen Größenordnungen drehen. Die ganze komplizierte Mechanik wirkt dann am besten. Allerdings: Bei dieser für Modellmaschinen extrem niederen Drehzahl ist ein gleichmäßiger Rundlauf – vor allem ohne Schwungrad – kaum machbar. Bei meiner Maschine ist eine gleichmäßige Drehung ab ca 50 U/min zu beobachten. Bei einer geringeren Drehzahl beginnt das Ganze unrund zu laufen.

Beim Betrieb mit Druckluft immer wieder ölen (oder gleich geölte Druckluft verwenden).

Betrieb mit Dampf

Grundsätzlich kondensiert Dampf an Flächen, deren Temperatur unter der Verdampfungstemperatur von Wasser liegt. Bei Normaldruck beträgt diese Temperatur etwa 100 °C. Dieser Umstand wird im Falle des Kondensators ausgenutzt, um einerseits den Dampf aus den Arbeitszylindern zu saugen und andererseits das kondensierte Wasser wieder dem Kreislauf zur Verfügung zu stellen. Ist die ganze Maschine noch nicht auf Arbeitstemperatur, dann kondensiert der Dampf logischerweise auch in den Arbeitszylindern, was bei drehender Maschine schlecht wäre. Beim Original wird deshalb vor „Arbeitsbeginn" Dampf durch die stehenden Zylinder geleitet, um diese aufzuheizen. Dazu wird eine sinnvolle Anordnung von Ausblasventilen und Kondensat-Ablassventilen genutzt. In meiner Modellmaschine fehlen die Ventile (noch). Deshalb benutze ich zum Vorheizen den Backofen vom Küchenherd (Umluft 80 °C, 30 min, mittlere Schiene).

Inzwischen habe ich den Dampferzeuger vorgeheizt. Er wird über einen flexiblen Schlauch mit dem Einlass an der Maschine verbunden. Achtung: Vor den Dampfeinlass sollte ein Öler zwischengeschaltet werden. Die gilt besonders dann, wenn längere Betriebszeiten vorgesehen sind. Dampfventil am Dampferzeuger langsam öffnen. Es werden natürlich immer noch geringe Dampfmengen an unpassenden Stellen kondensieren. Allerdings kann man dies durch einige Drehungen an der Kurbelwelle aus den Arbeitszylindern entfernen. Ist der Arbeitsbereich einigermaßen „trocken", beginnt die Maschine selbstständig unter Dampf zu arbeiten. Herrlich!

Nach jedem Betrieb mit Dampf fahre ich die Maschine komplett trocken. Dazu Druckluft anschließen und ca. 1 min mit geölter Druckluft laufen lassen.

Lackierung

Nachdem die Dampfmaschine sicher mit Druckluft und unter Dampf läuft, kann noch an den optischen Finessen gearbeitet werden. Dazu zählte bei mir die Lackierung von Ober- und Unterrahmen und natürlich einige Aufhübschungen an diversen Bauteilen (z. B. Entfernung von groben Bearbeitungsspuren).

Hinweis:

Dazu nochmals alles demontieren. Die zu lackierenden Teile müssen staub- und fettfrei sein. Soll der Lack nachhaltig haften, muss grundiert werden. Achtung: Grundierung und Lack nicht zu dick auftragen. Sonst gibt's Probleme beim späteren Montieren. Als Lack habe ich ein normales Lackspray moosgrün RAL 6005 genommen. Dieser Farbton kommt meines Erachtens der Original-Lackierung am nächsten.

Beim Thema Lackauswahl und besonders bei den Aufhübschungen sind die persönlichen Vorstellungen und der individuell zugemutete Aufwand maßgebend. Auf geht's!

Schlussbemerkung

Der Arbeitsaufwand für die reine Modellherstellung hält sich in Grenzen. Abhängig von der Versiertheit des Erbauers, dem Detailierungsgrad und dem zur Verfügung stehenden „Maschinenpark" werden ca. 300 bis 400 Stunden benötigt.

Das fertige Modell steht bei mir nun in der Vitrine. Allerdings kommt es von Zeit zu Zeit unter Dampf und wenigstens ein Mal pro Woche an die Pressluft. Es ist eben immer wieder erbauend, die komplizierte Mechanik in Bewegung zu sehen.

Zur Vervollkommnung des Ganzen kann das Modell um die Speisepumpe ergänzt werden. Der Anbau von Schaufelrädern wird die Komplexität weiter zur Geltung bringen. Die Schaufelräder (natürlich mit Exzenter) sollten dann maßstabsgerecht einen Durchmesser von 190 mm haben und 10-blättrig sein. Im Internet findet man dazu sicher geeignete Vorlagen.

Stückliste

Pos.	Stück	Bezeichnung	Halbzeug	Abmessung	Material
1		**Baugruppe Unterrahmen**			
1.1	2	Lagerbalken	Rechteck	15 x 22 x 206	Holz
1.2	1	Grundplatte	Flach	2 x 80 x 180	Ms58
1.3	1	Längsholm unten vorne	L-Profil	15 x 10 x 2 x 180	Ms58
1.4	1	Längsholm unten hinten	L-Profil	15 x 10 x 2 x 180	Ms58
1.5	2	Querholm unten außen	L-Profil	15 x 10 x 2 x 180	Ms58
1.6	2	Querholm unten innen	L-Profil	10 x 10 x 2 x 180	Ms58
1.7	4	Schwenklager zweiteilig	Flach	20 x 22 x 5	Ms58
1.8	8	Modellbauschraube		M2 x 10	Ms58
1.9	8	Modellbauschraube		M2 x 6	Ms58
2		**Baugruppe Oberrahmen**			
2.1	1	Oberplatte	Flach	2 x 67 x 168	Ms58
2.2	2	Längsholm oben	L-Profil	10 x 10 x 2 x 168	Ms58
2.3	4	Querholm oben	L-Profil	15 x 10 x 2 x 50	Ms58
2.4	8	Verbindungssäule	Rund	Ø5 x 87	Silberstahl
2.5	8	Säulenrosette	Rund	Ø8 x 4	Ms58
2.6	8	Modellbaumutter		M3	Ms58
2.7	4	Kurbelwellenlager zweiteilig	Flach	25 x 16 x 8	Ms58
2.8	8	Modellbauschraube		M3 x 8	Ms58
2.9	8	Modellbauschraube		M2 x 10	Ms58
3		**Baugruppe Arbeitszylinder rechts**			
3.1	1	Innenhülse	Rohr	35 x 2 x 52	Ms58
3.2	1	Mittelhülse	Rohr	36 x 3 x 52	Ms58
3.3	1	Außenhülse	Rohr	40 x 2 x 52	Ms58
3.4	2	Flanschhülse	Rohr	44 x 2 x 10	Ms58
3.5	1	Spiegel	Flach	20 x 30 x 8	Ms58
3.6	2	Schwenkhülse	Rund	20 x 15	Ms58
3.7	2	Gewindeeinsatz	Mutter	M8 x 1	St
3.8	2	Pressstück	Schraube	M8 x 1	St

Pos.	Stück	Bezeichnung	Halbzeug	Abmessung	Material
3.9	1	Deckel oben, zweiteilig	Rund	44 x 18	Ms58
3.10	1	Deckel unten	Rund	44 x 5	Ms58
3.11	1	Kolben	Rund	32 x 10	Ms58
3.12	1	Kolbenring	Rohr	32 x 4 x 10	Bronze
3.13	1	Kolbenstange	Rund	4 x 100	Silberstahl
3.14	1	Kurbellager, zweiteilig	Flach	14 x 10 x 16	Ms58
3.15	2	Lagerzapfen für Schwenkbügel	Rund	3 x 10	Silberstahl
3.16	1	Schwenkbügel	Flach	1,5 x 4 x 100	Ms58
3.17	1	Mitnehmer	Rund	3 x 10	Silberstahl
3.18	1	Lagerbolzen	Rund	1,5 x 4	Silberstahl
3.19	1	Schwenkbügel-Kreuzstück	Flach	4 x 5 x 5	Ms58
3.20	1	Mitnehmerstift	Rund	1 x 4	Silberstahl
3.21	1	Schieberstange	Rund	2 x 40	Silberstahl
3.22	1	Muschelschieber	Flach	8 x 8 x 12	Ms58
3.23	1	Schieber-Gehäuse	Flach	8 x 25 x 30	Ms58
3.24	1	Führungsbuchse Schieberstange	Sechskant	SW4 x 14	Ms58
3.25	1	Gehäusedeckel	Flach	2 x 25 x 28	Ms58
3.26	1	Modellbauschraube		M2 x 5	Ms58
3.27	6	Modellbauschraube		M2 x 12	Ms58
3.28	2	Modellbauschraube		M2 x 10	Ms58
3.29	12	Modellbauschraube		M2 x 6	Ms58
3.30	2	O-Ring		6 x 1,5	Vitilan
4		**Baugruppe Arbeitszylinder links**			
4.1	1	Innenhülse	Rohr	35 x 2 x 52	Ms58
4.2	1	Mittelhülse	Rohr	36 x 3 x 52	Ms58
4.3	1	Außenhülse	Rohr	40 x 2 x 52	Ms58
4.4	2	Flanschhülse	Rohr	44 x 2 x 10	Ms58
4.5	1	Spiegel	Flach	20 x 30 x 8	Ms58
4.6	2	Schwenkhülse	Rund	20 x 15	Ms58
4.7	2	Gewindeeinsatz	Mutter	M8 x 1	St
4.8	2	Pressstück	Schraube	M8 x 1	St
4.9	1	Deckel oben, zweiteilig	Rund	44 x 18	Ms58
4.10	1	Deckel unten	Rund	44 x 5	Ms58

Pos.	Stück	Bezeichnung	Halbzeug	Abmessung	Material
4.11	1	Kolben	Rund	32 x 10	Ms58
4.12	1	Kolbenring	Rohr	32 x 4 x 10	Bronze
4.13	1	Kolbenstange	Rund	4 x 100	Silberstahl
4.14	1	Kurbellager, zweiteilig	Flach	14 x 10 x 16	Ms58
4.15	2	Lagerzapfen für Schwenkbügel	Rund	3 x 10	Silberstahl
4.16	1	Schwenkbügel	Flach	1,5 x 4 x 100	Ms58
4.17	1	Mitnehmer	Rund	3 x 10	Silberstahl
4.18	1	Lagerbolzen	Rund	1,5 x 4	Silberstahl
4.19	1	Schwenkbügel-Kreuzstück	Flach	4 x 5 x 5	Ms58
4.20	1	Mitnehmerstift	Rund	1 x 4	Silberstahl
4.21	1	Schieberstange	Rund	2 x 40	Silberstahl
4.22	1	Muschelschieber	Flach	8 x 8 x 12	Ms58
4.23	1	Schieber-Gehäuse	Flach	8 x 25 x 30	Ms58
4.24	1	Führungsbuchse Schieberstange	Sechskant	SW4 x 14	Ms58
4.25	1	Gehäusedeckel	Flach	2 x 25 x 28	Ms58
4.26	1	Modellbauschraube		M2 x 5	Ms58
4.27	6	Modellbauschraube		M2 x 12	Ms58
4.28	2	Modellbauschraube		M2 x 10	Ms58
4.29	12	Modellbauschraube		M2 x 6	Ms58
4.30	2	O-Ring		6 x 1,5	Vitilan
5		**Baugruppe Steuerung rechts**			
5.1	2	Führungsbuchse	Rund	8 x 15	Ms58
5.2	1	Pennsche Kulisse	Flach	3 x 32 x 22	Ms58
5.3	1	Schlossgehäuse	Flach	4 x 5 x 28	Ms58
5.4	1	Riegel	Flach	2 x 3 x 15	Ms58
5.5	1	Riegelhebel	Rund	1 x 25	Silberstahl
5.6	1	Ausgleichshebel	Flach	3 x 5 x 13	Ms58
5.7	1	Umsteuerhebel vorne	Rund	3 x 20	Silberstahl
5.8	1	Umsteuerhebel hinten	Rund	2 x 40	Silberstahl
5.9	1	Hebelauge	Rund	6 x 3	Ms58
5.10	1	Griffstück	Rund	4 x 10	Ms58
5.11	1	Umsteuerhebellager	Flach	10 x 10 x 6	Ms58
5.12	1	Schlossachse	Rund	2 x 35	Silberstahl

Pos.	Stück	Bezeichnung	Halbzeug	Abmessung	Material
5.13	1	Lagerbolzen lang	Sechskant	4 x 14	Ms58
5.14	1	Lagerbolzen kurz	Sechskant	3 x 8	Ms58
5.15	1	Madenschraube		M2 x 4	St
5,16	1	Gewindestange		M2 x 4	St
5.17	1	Modellbaumutter		M2	Ms58
5.18	1	Loser Exzenter	Rund	21 x 4	Ms58
5.19	1	Exzenterlager zweiteilig	Rund	30 x 4	Ms58
5.20	1	Mitnehmerbolzen	Rund	2 x 6	Silberstahl
5.21	2	Modellbaumutter		M2 x 10	Ms58
6		**Baugruppe Steuerung links**			
6.1	2	Führungsbuchse	Rund	8 x 15	Ms58
6.2	1	Pennsche Kulisse	Flach	3 x 32 x 22	Ms58
6.3	1	Schlossteil	Flach	4 x 5 x 28	Ms58
6.4	1	Riegel	Flach	2 x 3 x 15	Ms58
6.5	1	Riegelhebel	Rund	1 x 25	Silberstahl
6.6	1	Ausgleichshebel	Flach	3 x 5 x 13	Ms58
6.7	1	Umsteuerhebel vorne	Rund	3 x 20	Silberstahl
6.8	1	Umsteuerhebel hinten	Rund	2 x 40	Silberstahl
6.9	1	Hebelauge	Rund	6 x 3	Ms58
6.10	1	Griffstück	Rund	4 x 10	Ms58
6.11	1	Umsteuerhebellager	Flach	10 x 10 x 6	Ms58
6.12	1	Schlossachse	Rund	2 x 35	Silberstahl
6.13	1	Lagerbolzen lang	Sechskant	4 x 14	Ms58
6.14	1	Lagerbolzen kurz	Sechskant	3 x 8	Ms58
6.15	1	Madenschraube		M2 x 4	St
6,16	1	Gewindestange		M2 x 4	St
6.17	1	Modellbaumutter		M2	Ms58
6.18	1	Loser Exzenter	Rund	21 x 4	Ms58
6.19	1	Exzenterlager zweiteilig	Rund	30 x 4	Ms58
6.20	1	Mitnehmerbolzen	Rund	2 x 6	Silberstahl
6.21	2	Modellbaumutter		M2 x 10	Ms58

Pos.	Stück	Bezeichnung	Halbzeug	Abmessung	Material
7		**Baugruppe Luftpumpe**			
7.1	1	Kondensatorrohr	Rohr	40 x 2 x 35	MS58
7.2	1	Kondensatordeckel oben	Rund	37 x 3	Ms58
7.3	1	Kondensatordeckel unten	Rund	37 x 3	Ms58
7.4	1	Lagerzapfen	Rund	6 x 12	Silberstahl
7.5	1	Lagerzapfenaufnahme	Rund	14 x 4	Ms58
7.6	1	Pumpzylinder	Rohr	28 x 2 x 40	Ms58
7.7	1	Zylinderdeckel oben	Rund	28 x 3	Ms58
7.8	1	Kolbenführung	Rund	14 x 12	MS58
7.9	1	Zylinderdeckel unten	Rund	25 x 3	Ms58
7.10	2	Flachdichtung	Flach	21 x 0,5	Vitilan
7.11	1	Zwischenboden	Rund	40 x 3	Ms58
7.12	1	Distanzhülse	Rohr	32 x 2 x 10	Ms58
7.13	1	Kolbenstange	Rund	4 x 50	Silberstahl
7.14	1	Pumpkolben	Rund	24 x 5	Ms58
7.15	1	Kolbenstangenlager	Rund	8 x 6	Ms58
7.16	1	Führungshülse	Rohr	4 x 0,5 x 18	Ms58
7.17	1	Führungswelle	Rund	3 x 32	Silberstahl
7.18	1	Triebstange	Rund	4 x 25	Silberstahl
7.19	1	Kreuzkopf	Flach	8 x 12 x 13	Ms58
7.20	1	Pleuellager zweiteilig	Flach	8 x 14 x 14	Ms58
7.21	2	Vertikalführung	Flach	10 x 3 x 56	Ms58
7.22	2	Querholm	L-Profil	10 x 10 x 50	Ms58
7.23	1	Kondensatausleitung	Rohr	4 x 0,5 x 40	Ms58
7.24	1	Gewindebuchse	Rund	7 x 6	Ms58
7.25	1	Dampfausleitung	Rund	7 x 16	Ms58
7.26	1	Einfach-Verschraubung		für 5-mm-Rohr	Ms58
2.27	1	Modellbauschraube		M3 x 4	Ms58
7.28	1	Madenschraube		M2 x 4	Stahl
7.29	2	Modelblauschraube		M2 x 8	Ms58
7.30	2	Modellbaumutter		M2	Ms58
7.31	2	Modellbauschraube		M2 x 10	Ms58
7.32	4	Modellbauschraube		M2 x 6	Ms58
7.33	8	Modellbauschraube		M2 x 8	Ms58

Pos.	Stück	Bezeichnung	Halbzeug	Abmessung	Material
8		**Baugruppe Kurbelwelle**			
8.1	2	Kurbelwelle innen	Rund	7 x 45	Silberstahl
8.2	2	Kurbelwelle außen	Rund	7 x 75	Silberstahl
8.3	2	Kurbelwangen Arbeitszylinder innen	Flach	12 x 16 x 30	Ms58
8.4	2	Kurbelwangen Arbeitszylinder außen	Flach	7 x 12 x 30	Ms58
8.5	2	Kurbelwangen Luftpumpe	Flach	6 x 11 x 19	Ms58
8.6	2	Kurbelzapfen Arbeitszylinder	Rund	4 x 24	Silberstahl
8.7	1	Kurbelzapfen Luftpumpe	Rund	4 x 22	Silberstahl
8.8	2	Madenschraube		M2 x 4	Ms58
8.9	2	Mitnehmernabe	Rund	13 x 10	Ms58
8.10	2	Madenschraube		M2 x 4	Ms58
9		**Dampfzuleitung**			
9.1	2	Gerades Stück lang	Rohr	8 x 1 x 72	Edelstahl
9.2	2	Gerades Stück mittel	Rohr	8 x 1 x 28	Edelstahl
9.3	4	Gerades Stück kurz	Rohr	8 x 1 x 10	Edelstahl
9.4	2	Gehrungsstücke	Rohr	8 x 1 x 10	Edelstahl
9.5	2	Einführende	Rund	6 x 20	Silberstahl
9.6	2	Lötende	Rund	6 x 20	Ms58
9.7	2	Verschraubung		für 5 mm Rohr	Ms58
9.8	1	T-Stück/Verschraubung		für 5 mm Rohr	Ms58
9.9	2	Halter	Flach	1,5 x 4 x 30	Ms58
9.10	2	Modellbauschraube		M2 x 5	Ms58

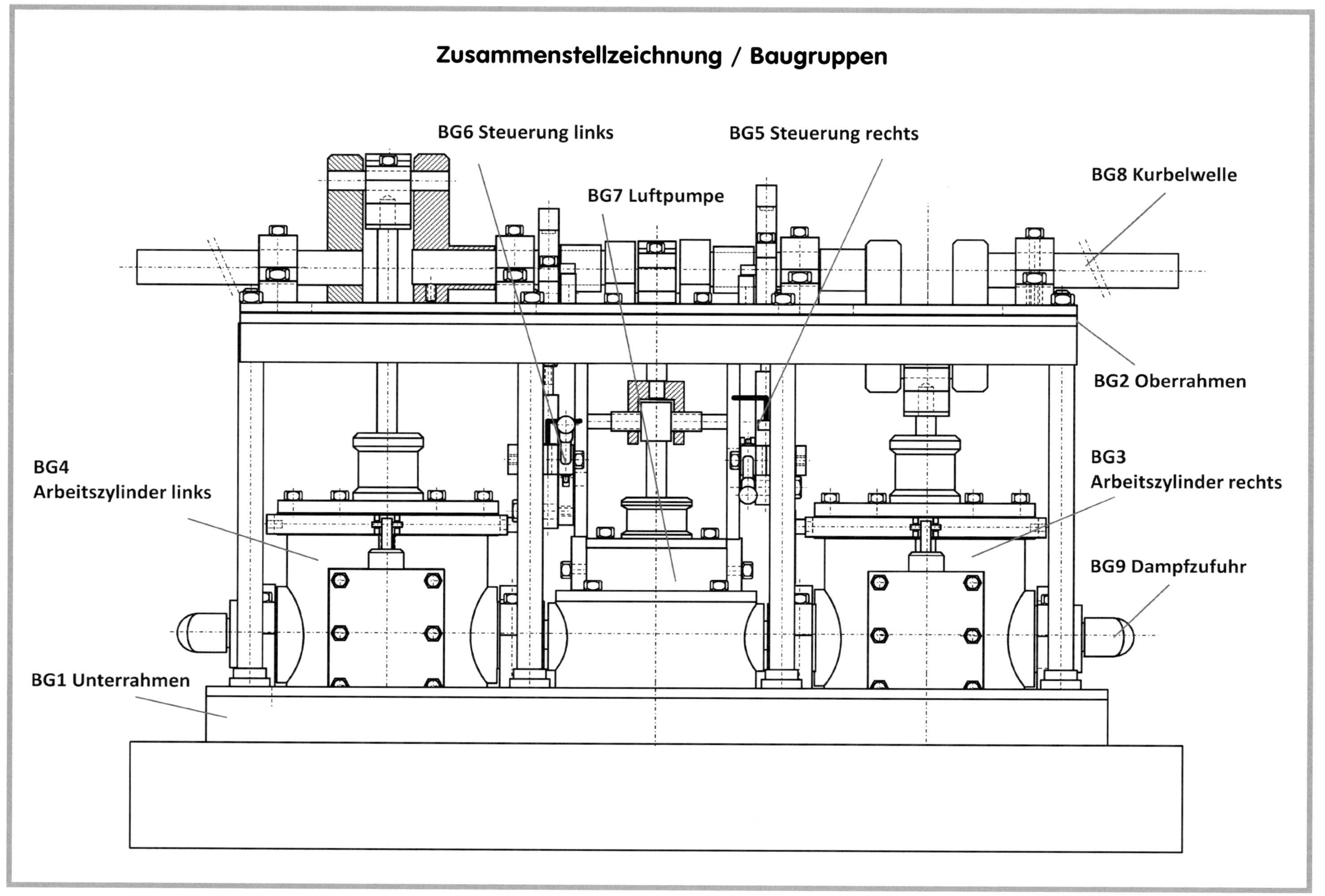
Zusammenstellzeichnung / Baugruppen
BG6 Steuerung links
BG5 Steuerung rechts
BG8 Kurbelwelle
BG7 Luftpumpe
BG2 Oberrahmen
BG4
Arbeitszylinder links
BG3
Arbeitszylinder rechts
BG9 Dampfzufuhr
BG1 Unterrahmen

Draufsicht ohne Steuerung, Oberrahmen, Kurbelwelle und Dampfzufuhr – Zusammenstellzeichnung

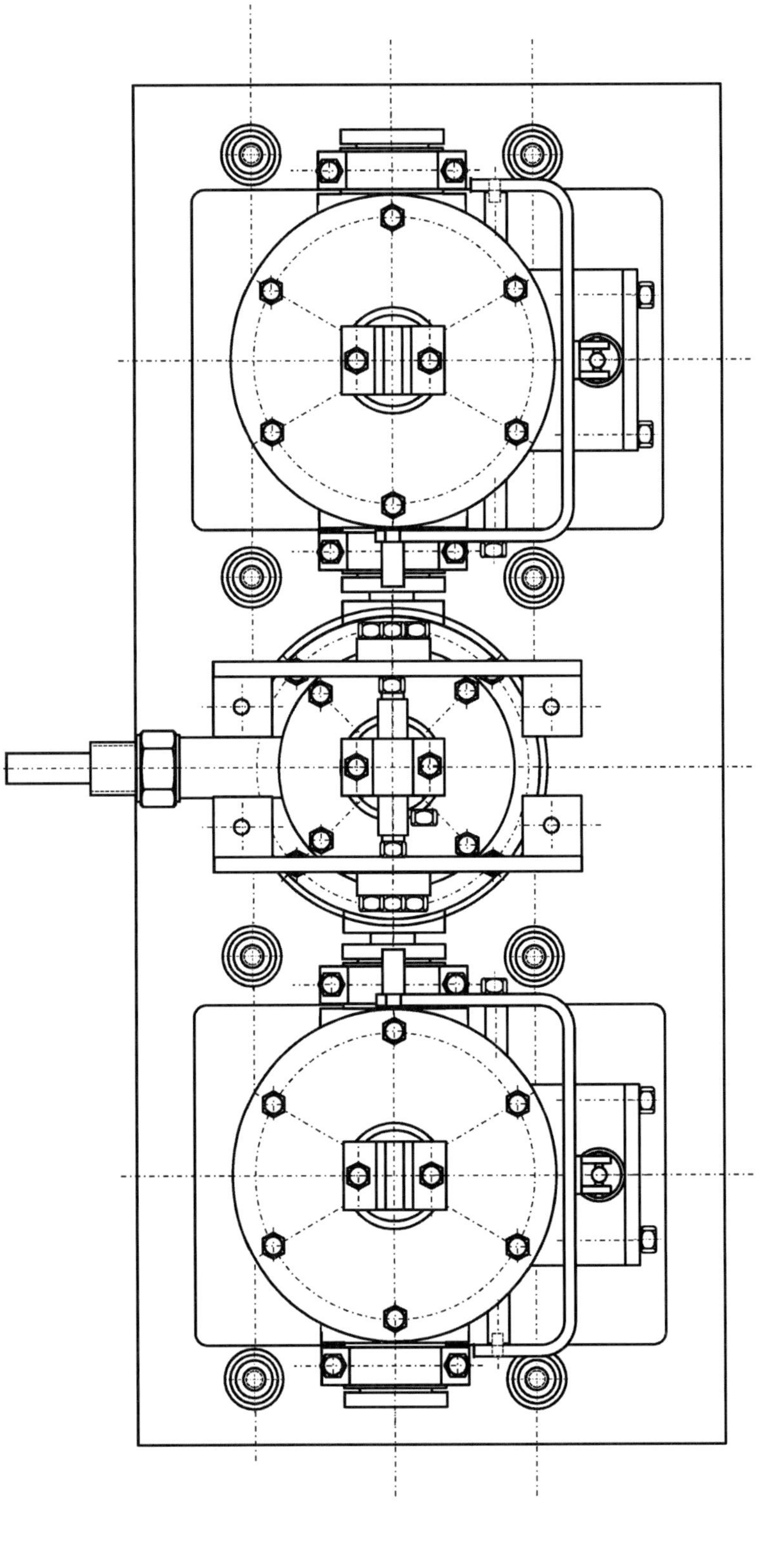

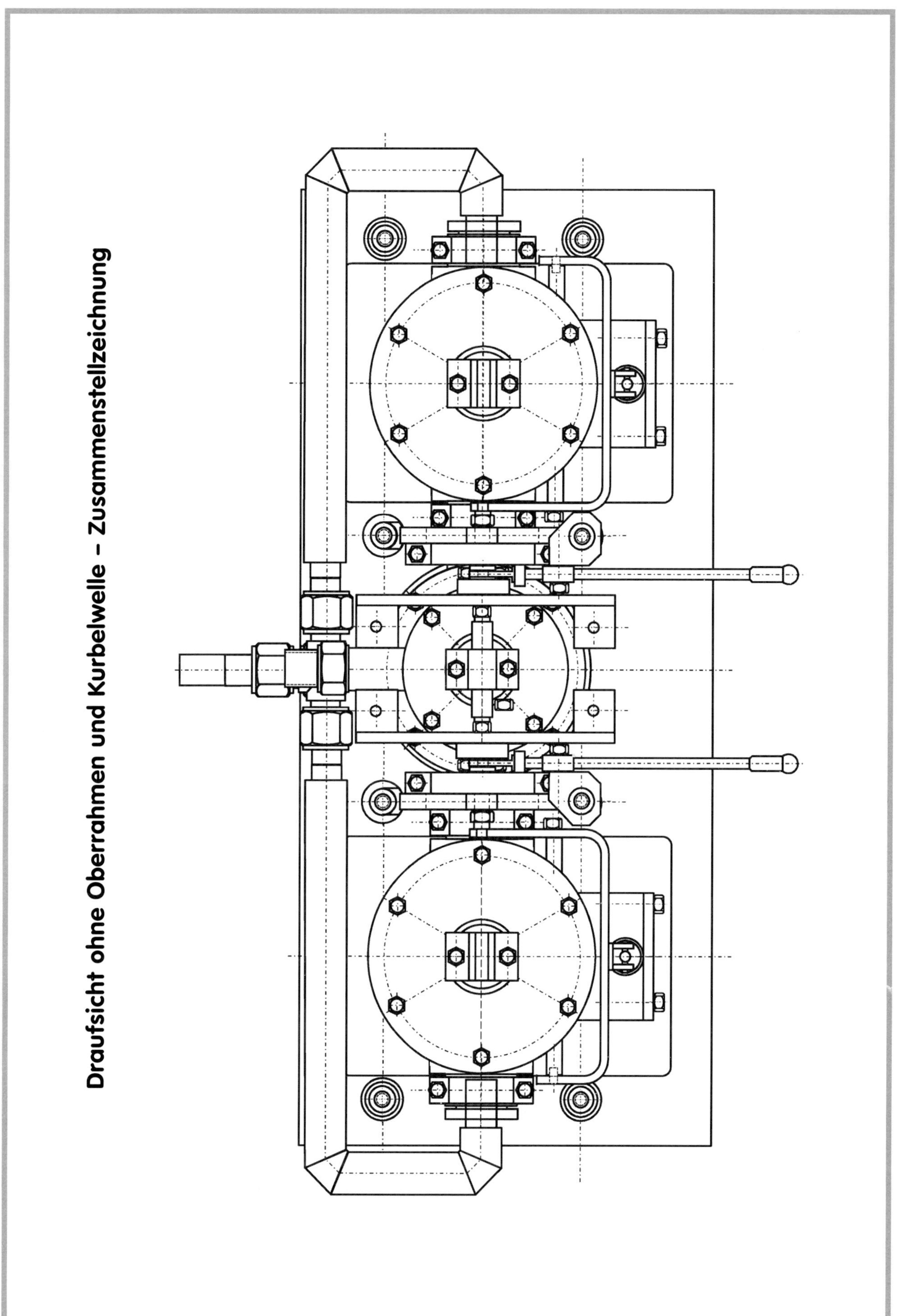

Draufsicht ohne Oberrahmen und Kurbelwelle – Zusammenstellzeichnung

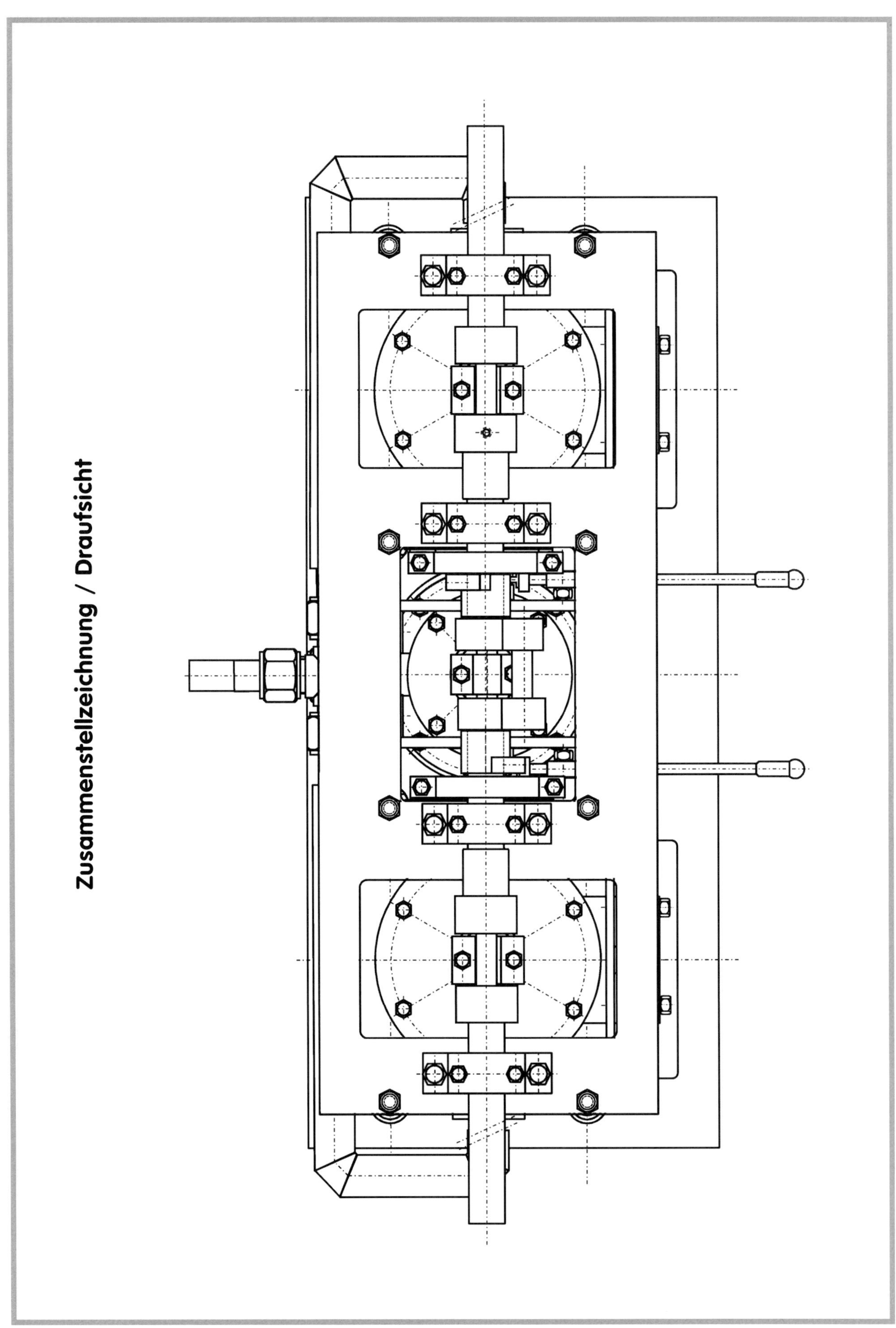
Zusammenstellzeichnung / Draufsicht

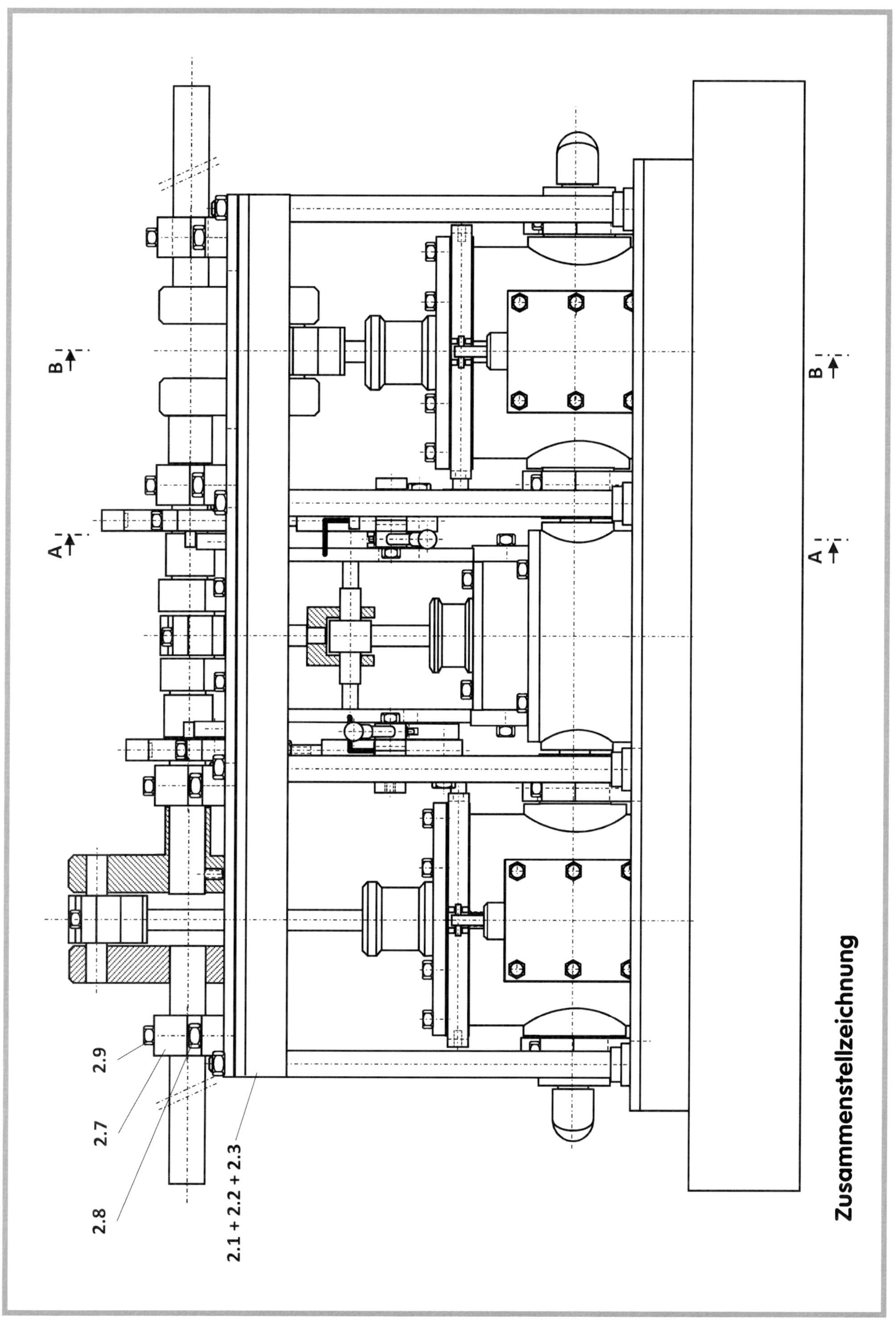
B
A
B
A
2.9
2.7
2.8
2.1 + 2.2 + 2.3
Zusammenstellzeichnung

Schnitt A-A – Zusammenstellzeichnung

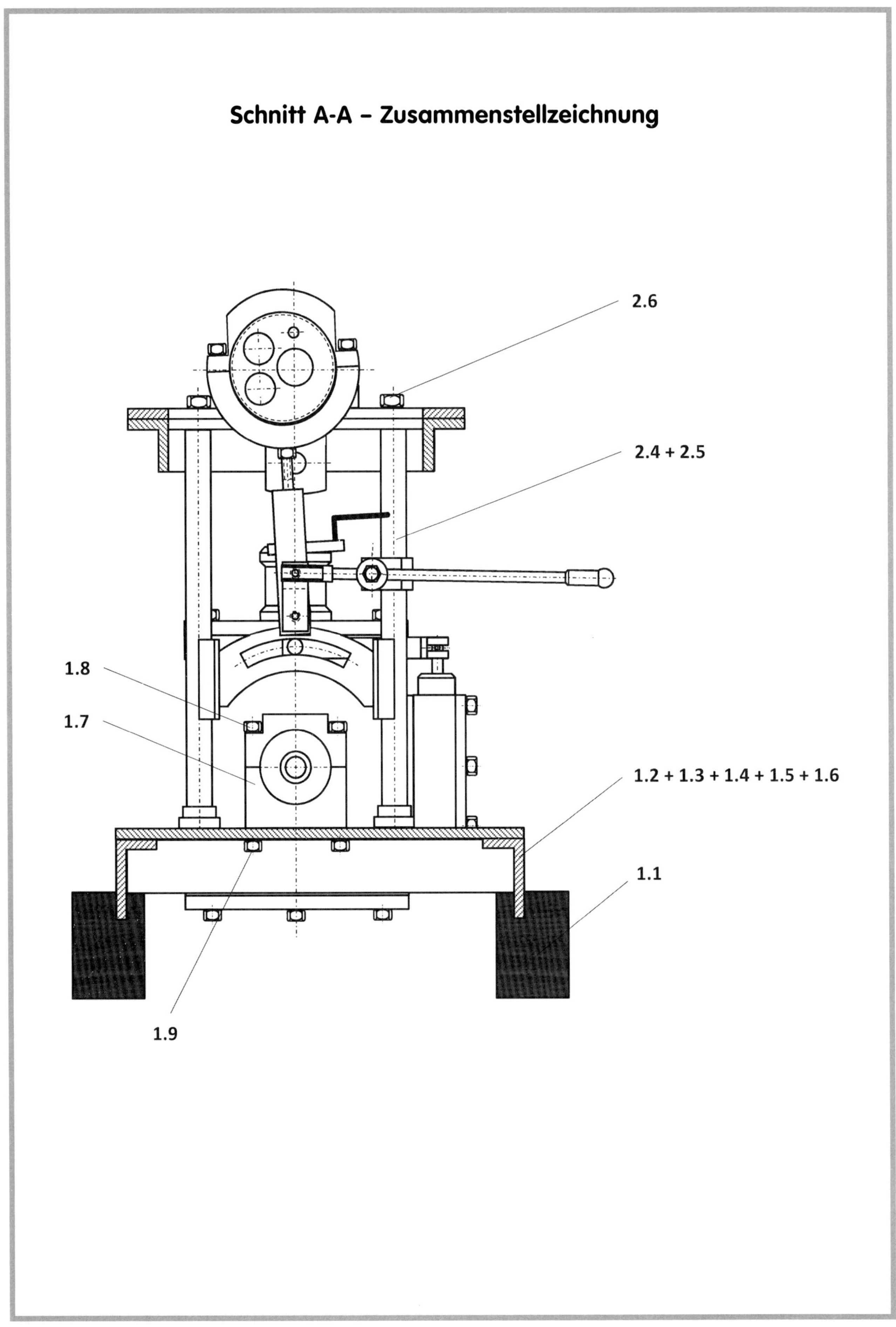

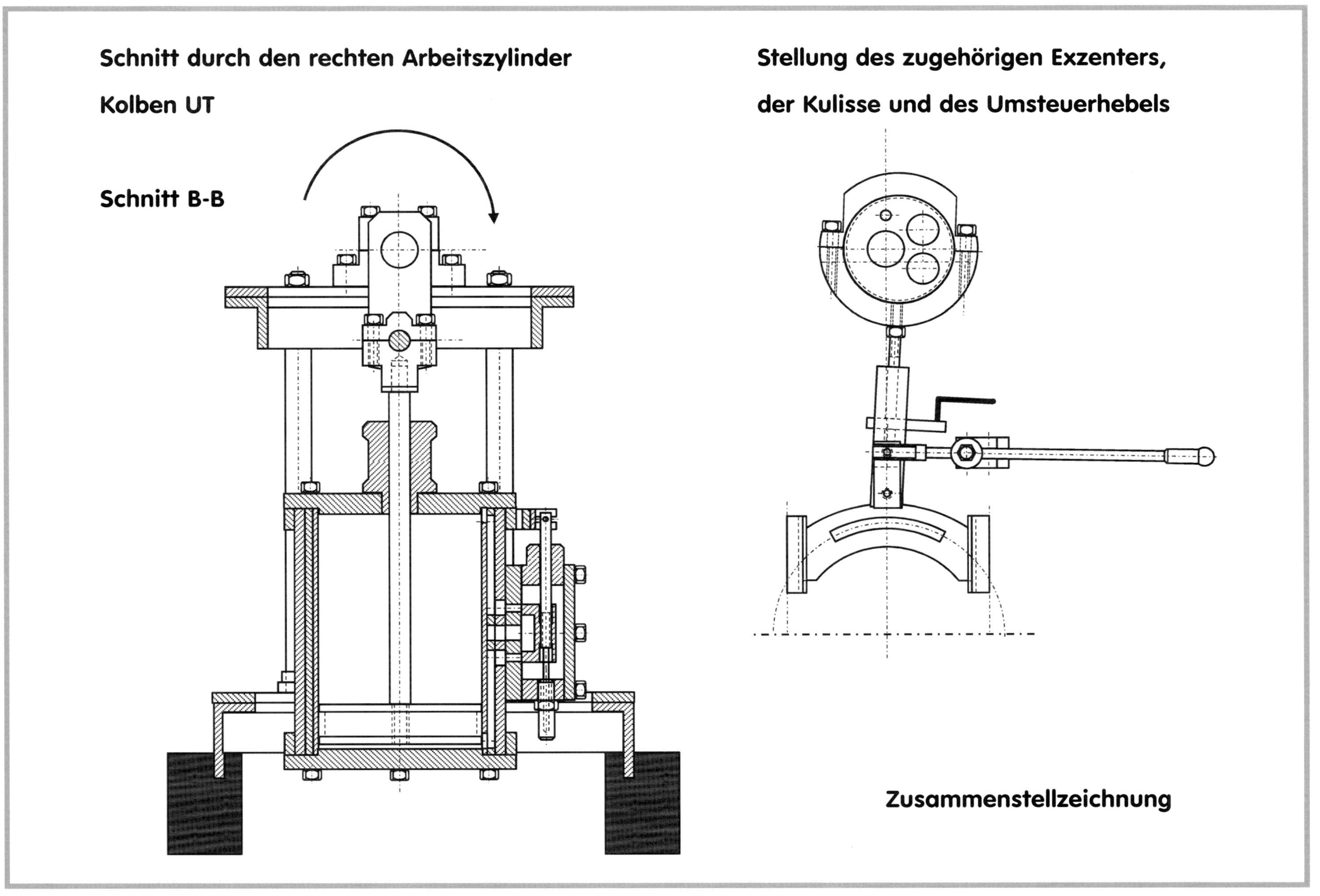
Schnitt durch den rechten Arbeitszylinder
Kolben UT
Schnitt B-B
Stellung des zugehörigen Exzenters,
der Kulisse und des Umsteuerhebels
Zusammenstellzeichnung

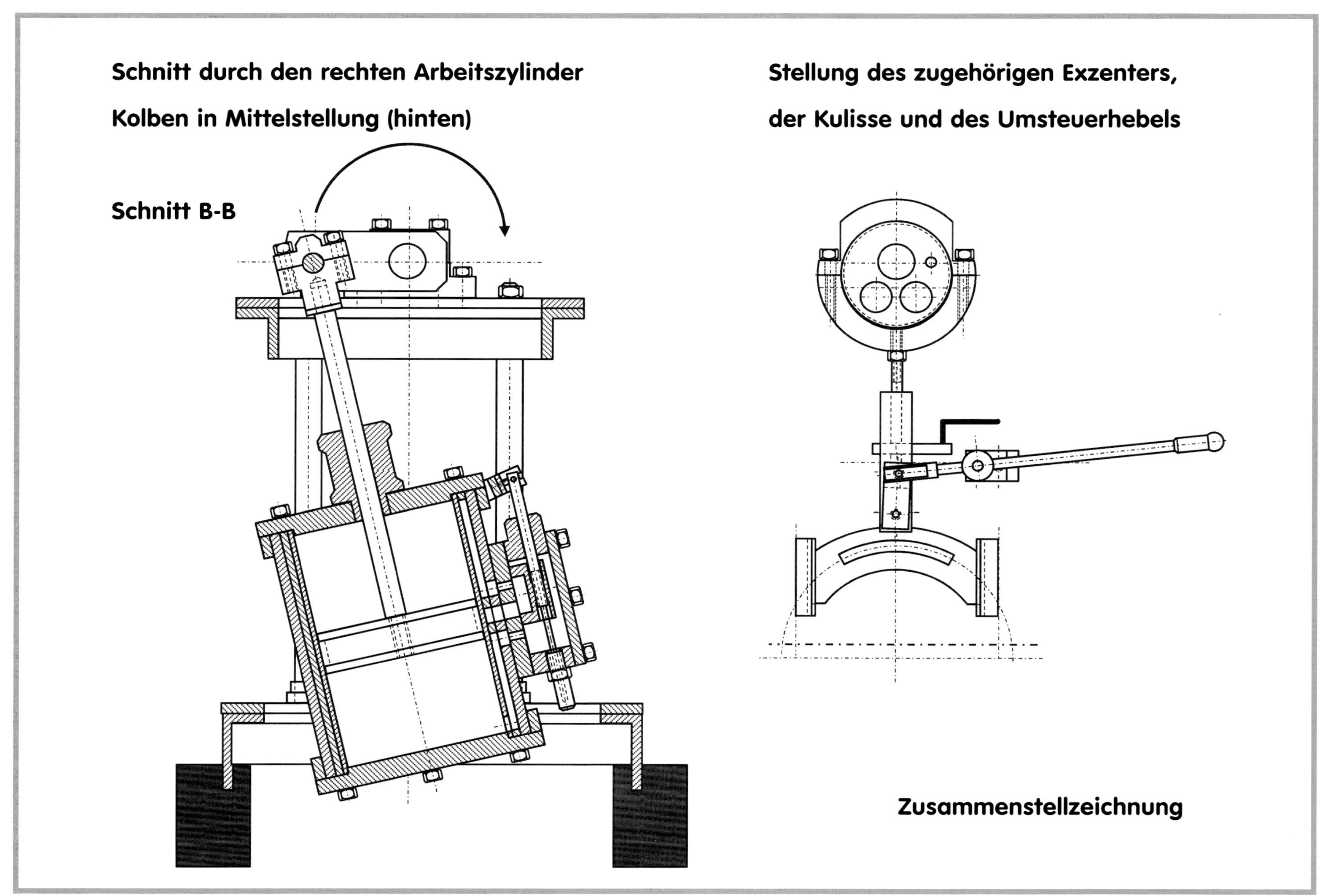
Schnitt durch den rechten Arbeitszylinder
Kolben in Mittelstellung (hinten)
Schnitt B-B
Stellung des zugehörigen Exzenters,
der Kulisse und des Umsteuerhebels
Zusammenstellzeichnung

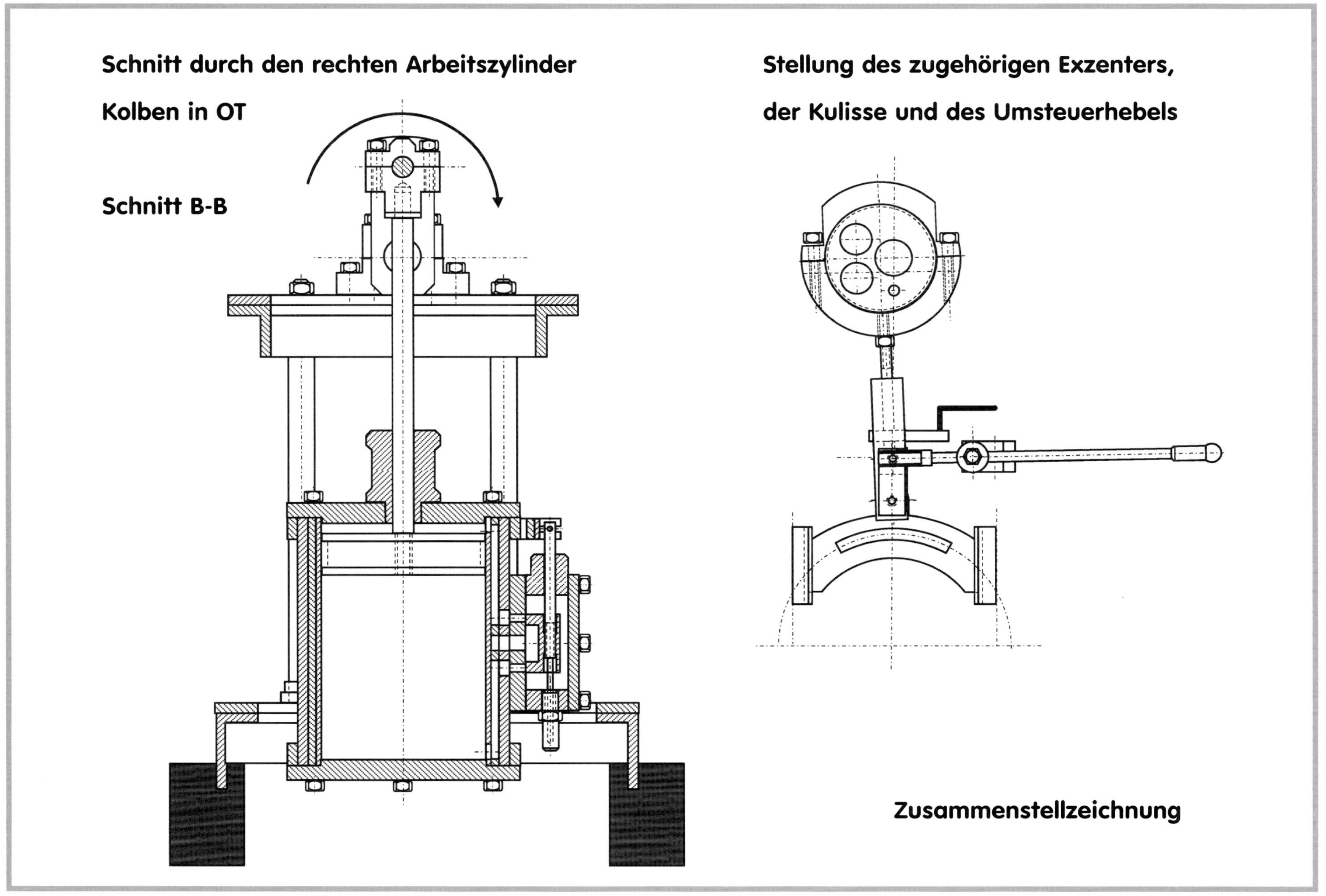
Schnitt durch den rechten Arbeitszylinder
Kolben in OT
Schnitt B-B
Stellung des zugehörigen Exzenters,
der Kulisse und des Umsteuerhebels
Zusammenstellzeichnung

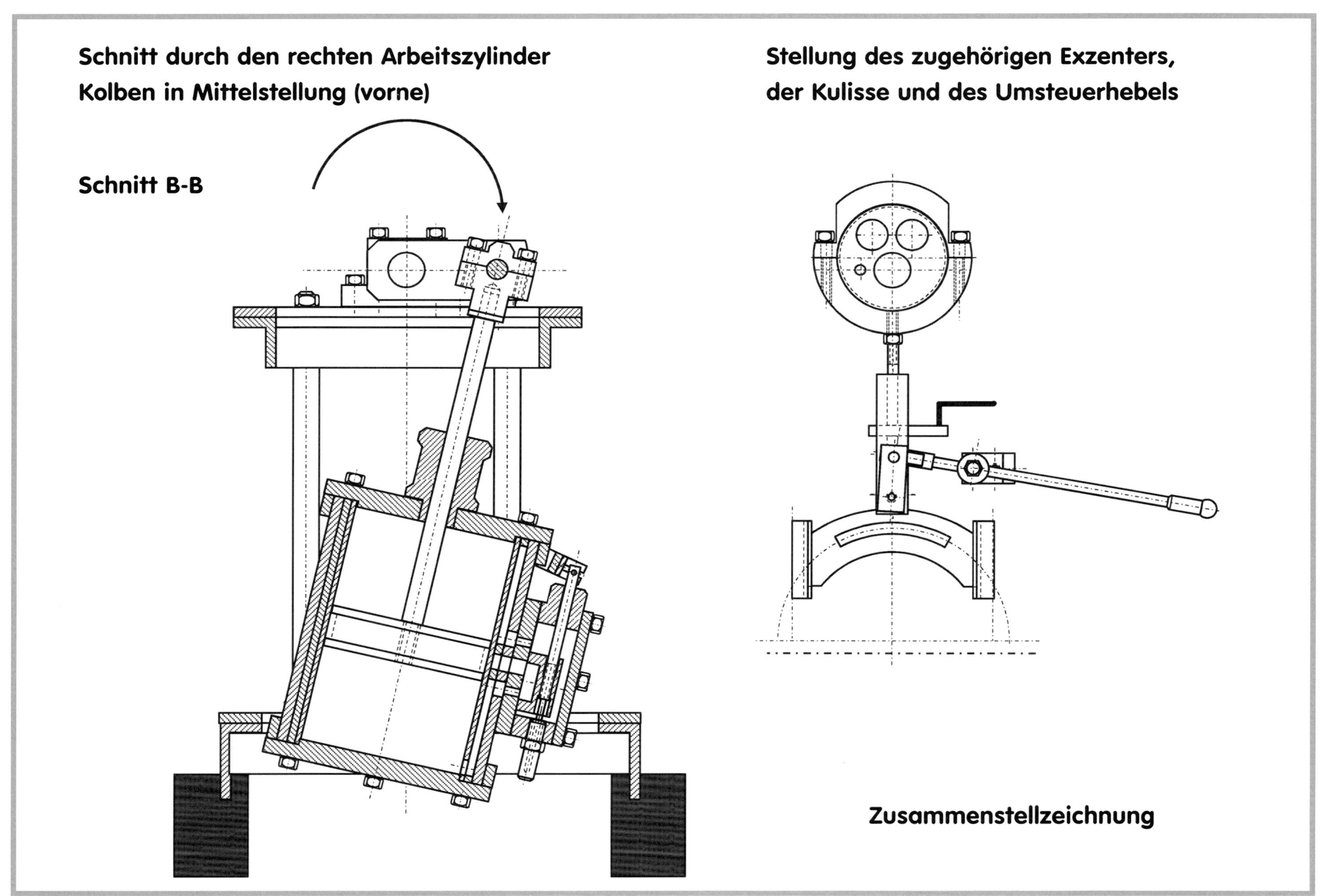
Schnitt durch den rechten Arbeitszylinder
Kolben in Mittelstellung (vorne)
Schnitt B-B
Stellung des zugehörigen Exzenters,
der Kulisse und des Umsteuerhebels
Zusammenstellzeichnung

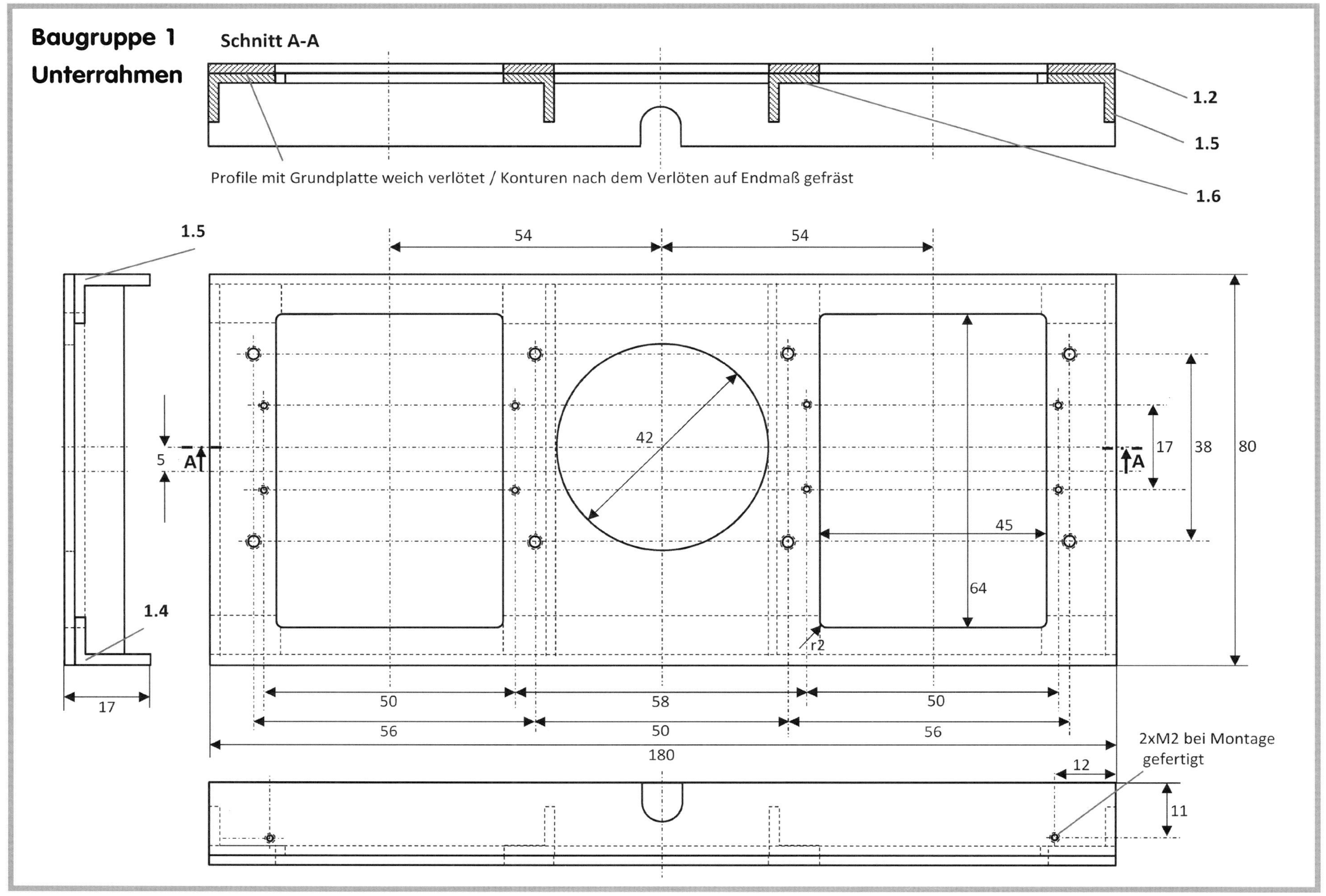
Baugruppe 1
Unterrahmen
Schnitt A-A
1.2
1.5
1.6
Profile mit Grundplatte weich verlötet / Konturen nach dem Verlöten auf Endmaß gefräst
1.5
1.4
54
54
5
A
A
42
17
38
80
45
64
r2
17
50
58
50
56
50
56
180
2xM2 bei Montage
gefertigt
12
11

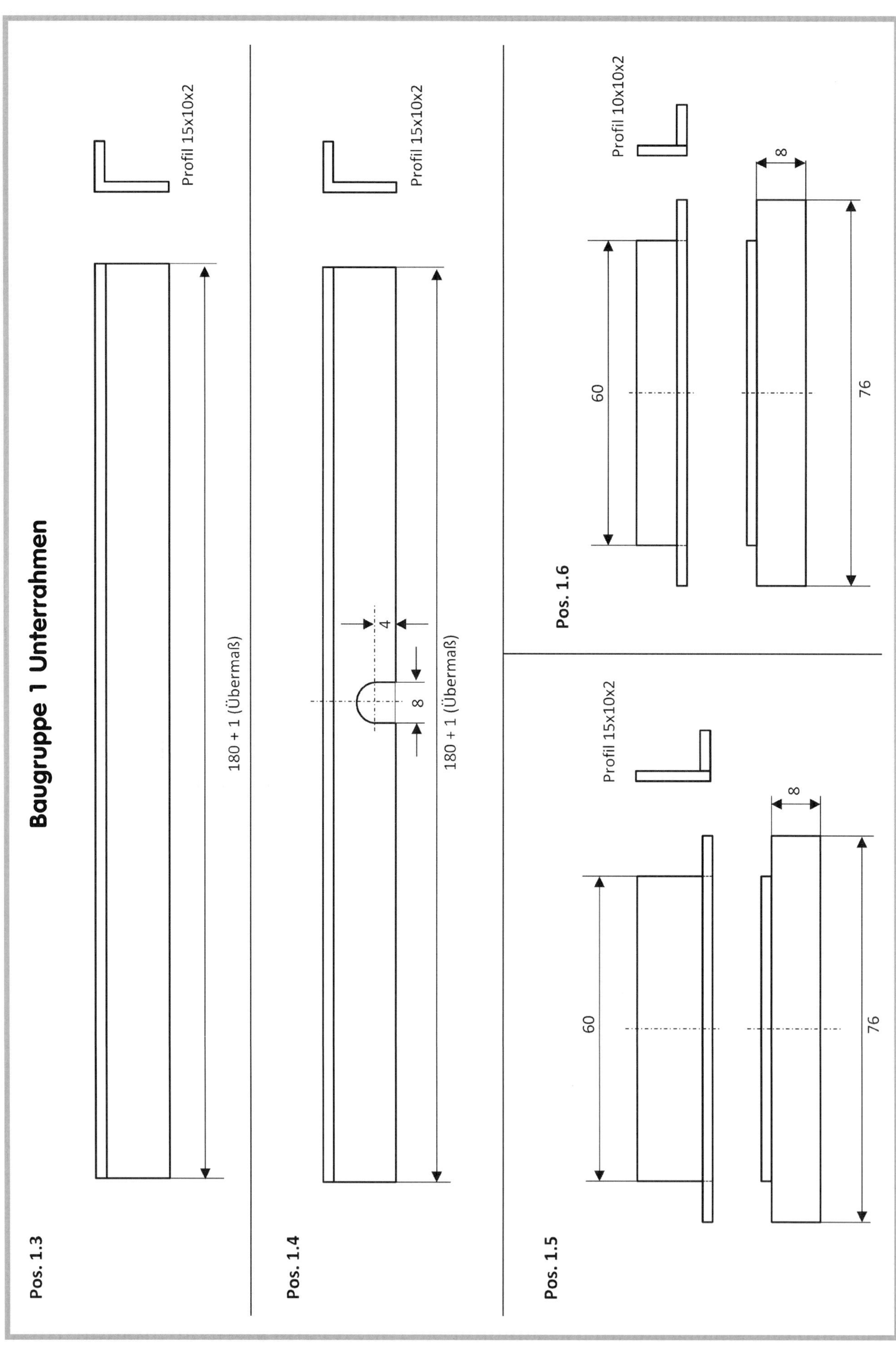

Baugruppe 1 Unterrahmen
Pos. 1.3
Profil 15x10x2
180 + 1 (Übermaß)
Pos. 1.4
Profil 15x10x2
4
8
180 + 1 (Übermaß)
Pos. 1.5
Profil 15x10x2
8
60
76
Pos. 1.6
Profil 10x10x2
8
60
76

Baugruppe 1 Unterrahmen

Pos. 1.2

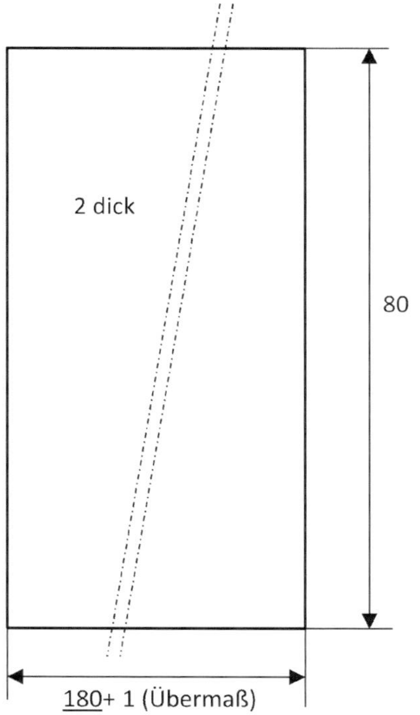
2 dick
80
180+ 1 (Übermaß)

Pos. 1.7 (zweiteilig), **1.8 + 1.9**

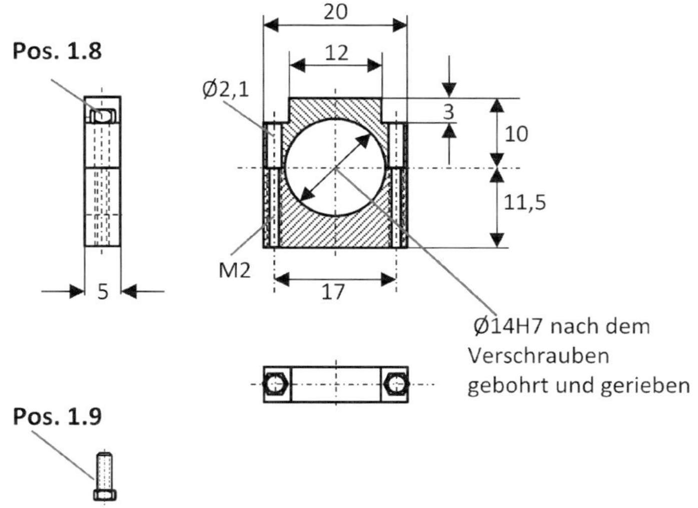
Pos. 1.8
5
Pos. 1.9
20
12
Ø2,1
3
10
11,5
M2
17
Ø14H7 nach dem
Verschrauben
gebohrt und gerieben

Pos. 1.1

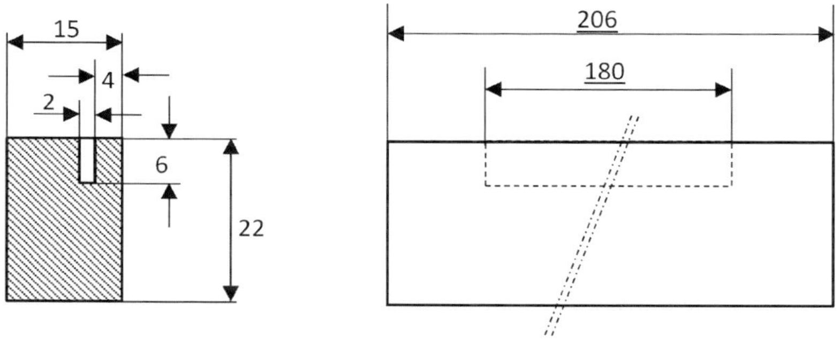
15
4
2
6
22
206
180

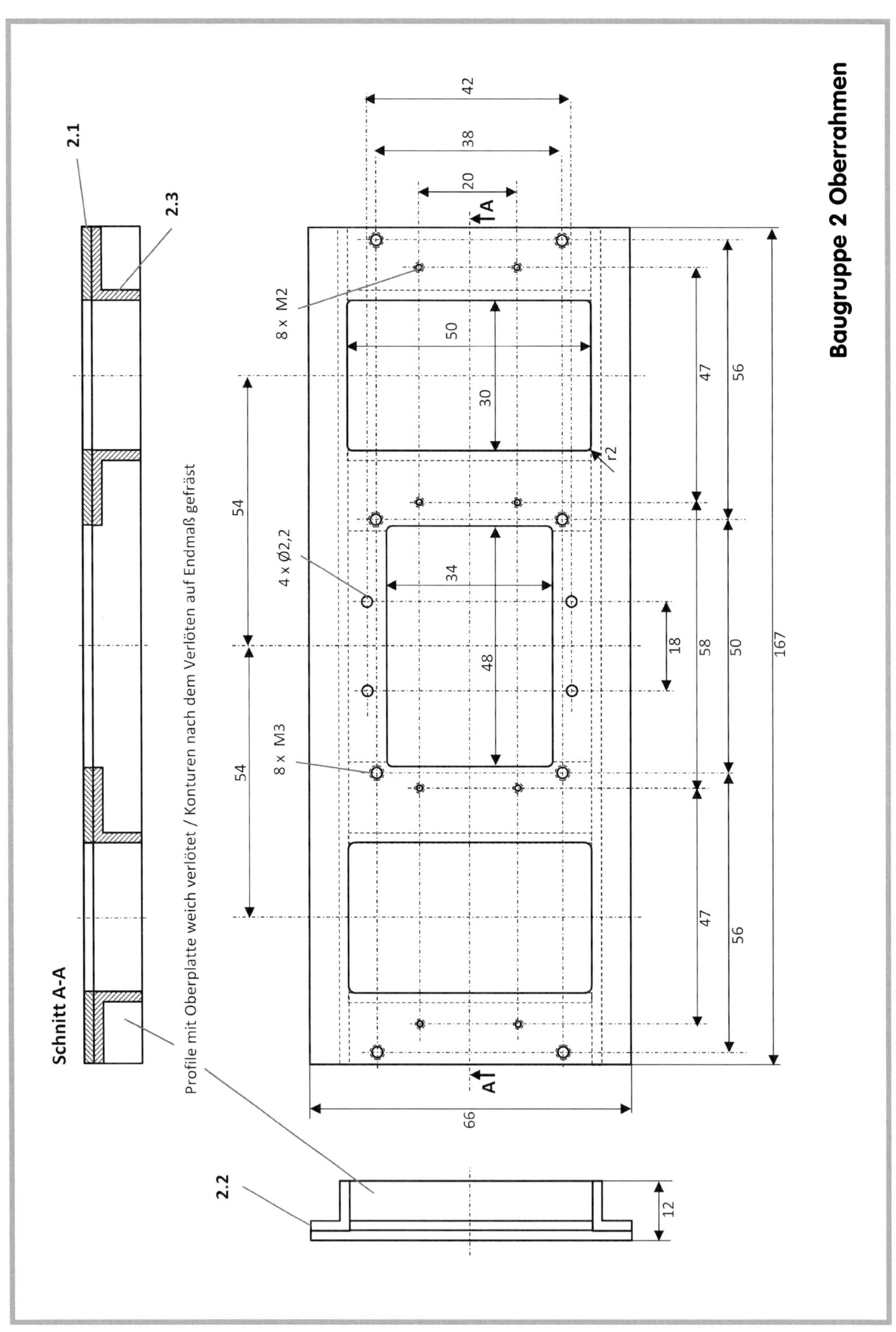
Baugruppe 2 Oberrahmen
Schnitt A-A
2.1
2.2
2.3
Profile mit Oberplatte weich verlötet / Konturen nach dem Verlöten auf Endmaß gefräst
8 x M2
4 x Ø2,2
8 x M3
r2
A
A
42
38
20
50
30
34
48
54
54
47
56
58
50
18
47
56
167
66
12

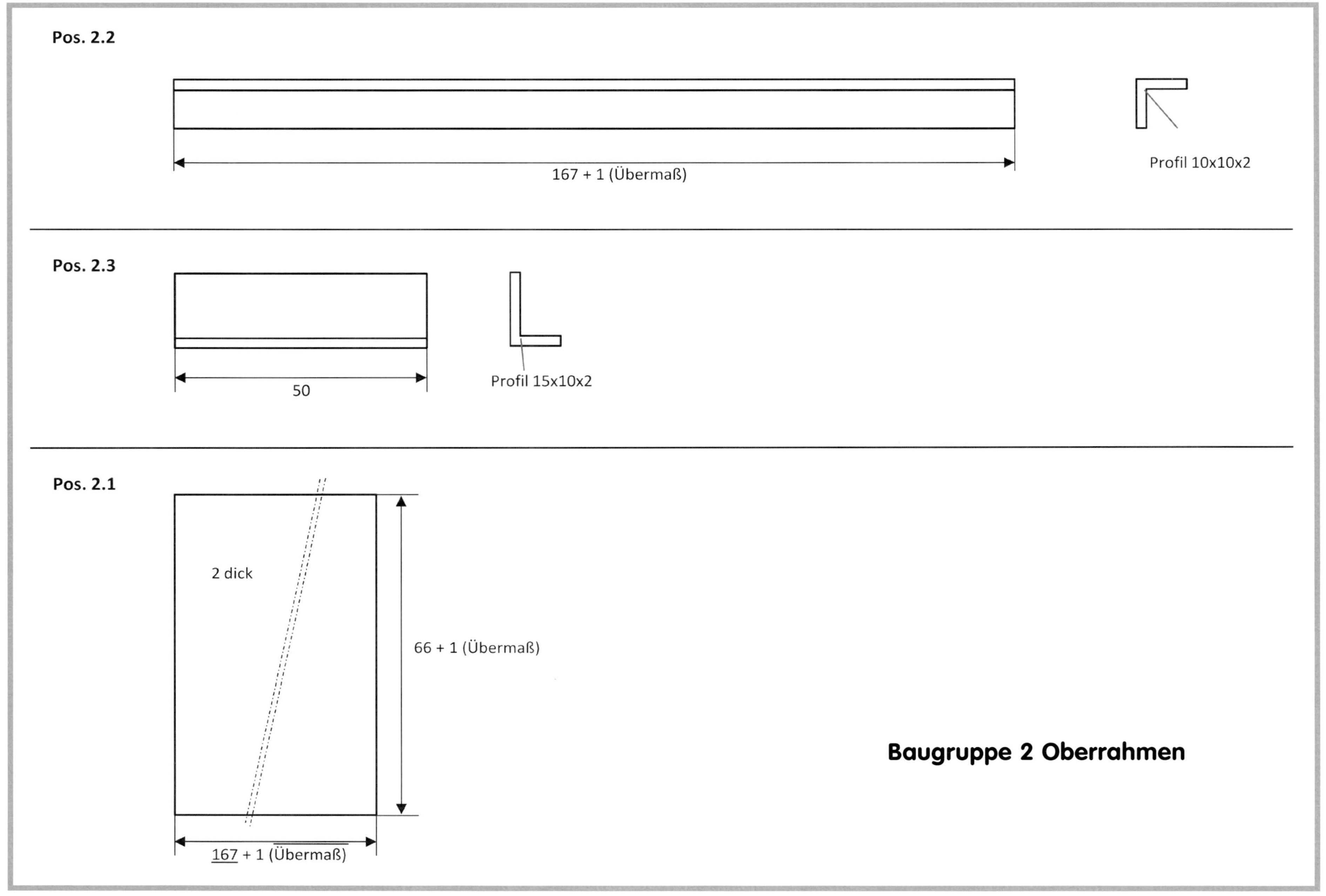
Pos. 2.2
167 + 1 (Übermaß)
Profil 10x10x2
Pos. 2.3
50
Profil 15x10x2
Pos. 2.1
2 dick
66 + 1 (Übermaß)
167 + 1 (Übermaß)
Baugruppe 2 Oberrahmen

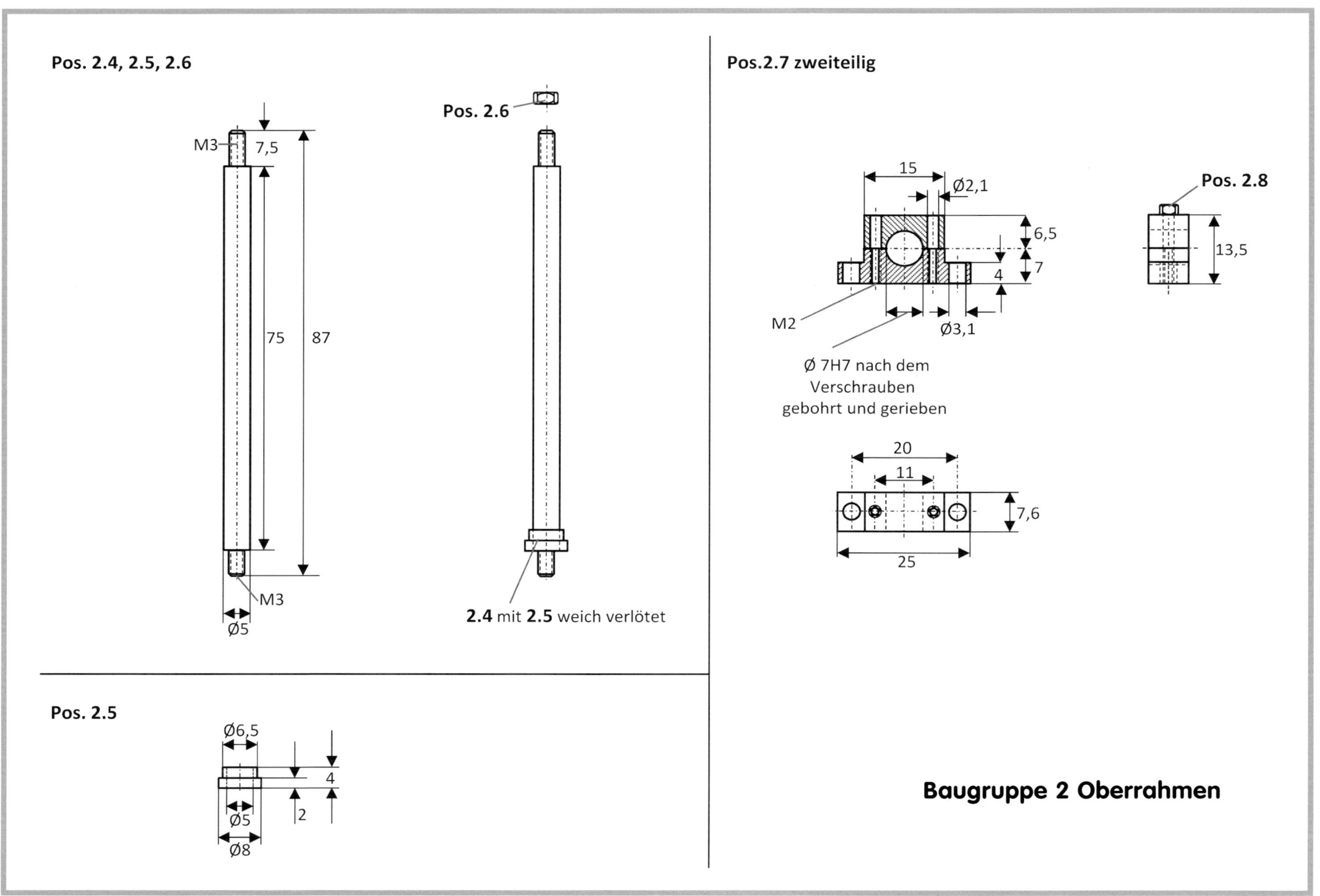
Pos. 2.4, 2.5, 2.6
M3
7,5
75
87
M3
Ø5
Pos. 2.6
2.4 mit 2.5 weich verlötet
Pos. 2.5
Ø6,5
4
2
Ø5
Ø8
Pos.2.7 zweiteilig
15
Ø2,1
6,5
7
4
M2
Ø3,1
Ø 7H7 nach dem
Verschrauben
gebohrt und gerieben
20
11
7,6
25
Pos. 2.8
13,5
Baugruppe 2 Oberrahmen

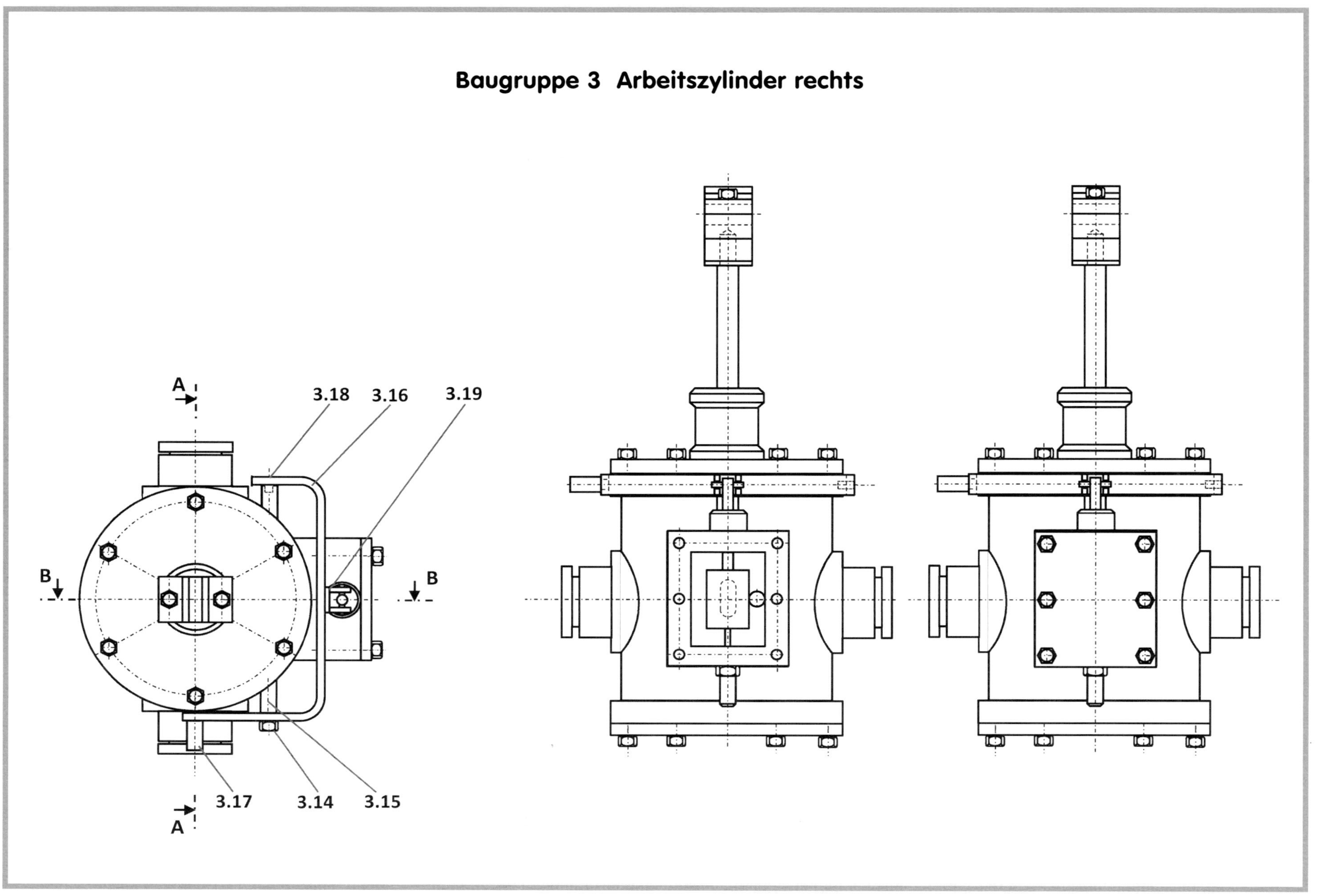
Baugruppe 3 Arbeitszylinder rechts
A
3.18
3.16
3.19
B
B
3.17
3.14
3.15
A

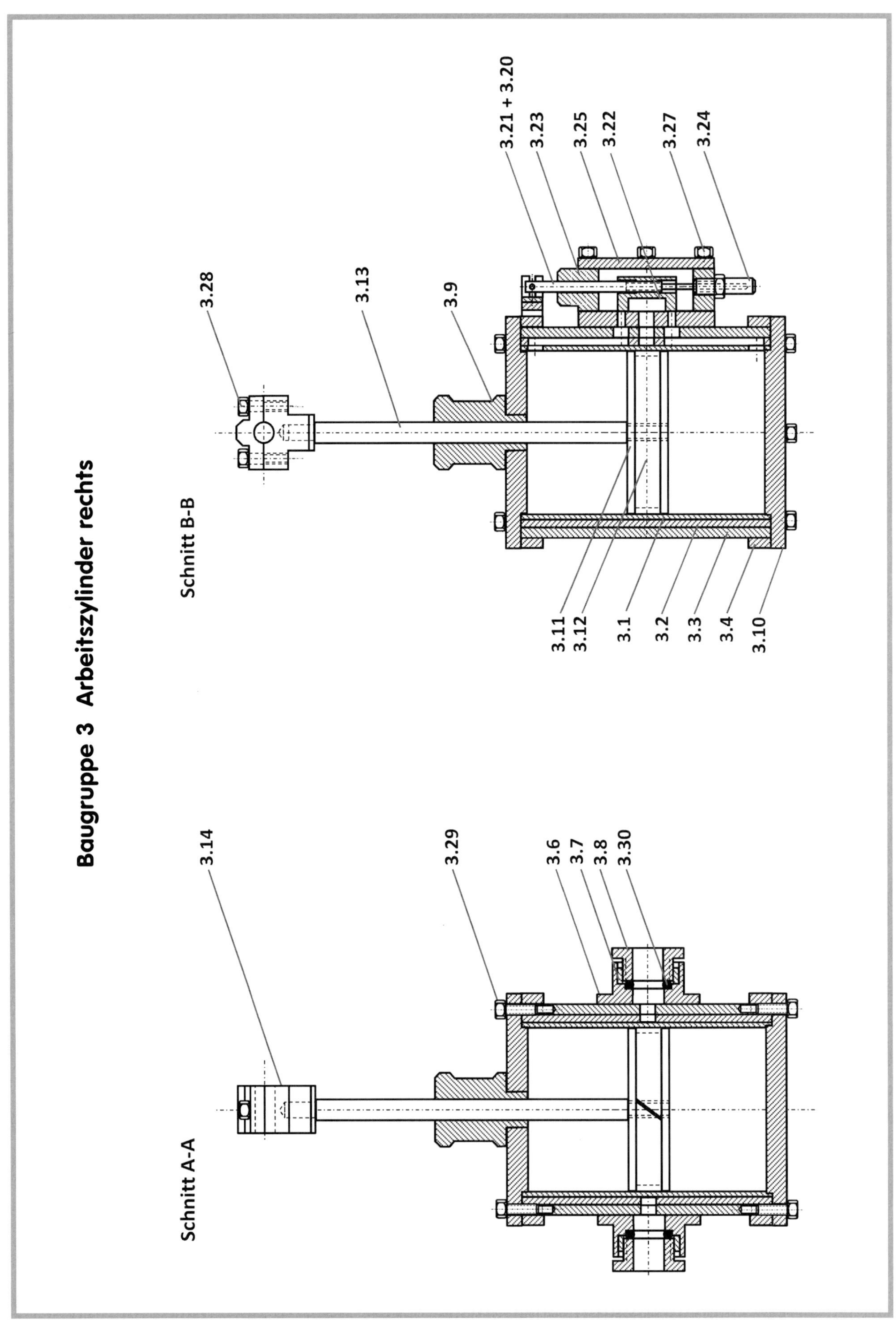
Baugruppe 3 Arbeitszylinder rechts
Schnitt A-A
3.14
3.29
3.6
3.7
3.8
3.30
Schnitt B-B
3.28
3.13
3.9
3.21 + 3.20
3.23
3.25
3.22
3.27
3.24
3.11
3.12
3.1
3.2
3.3
3.4
3.10

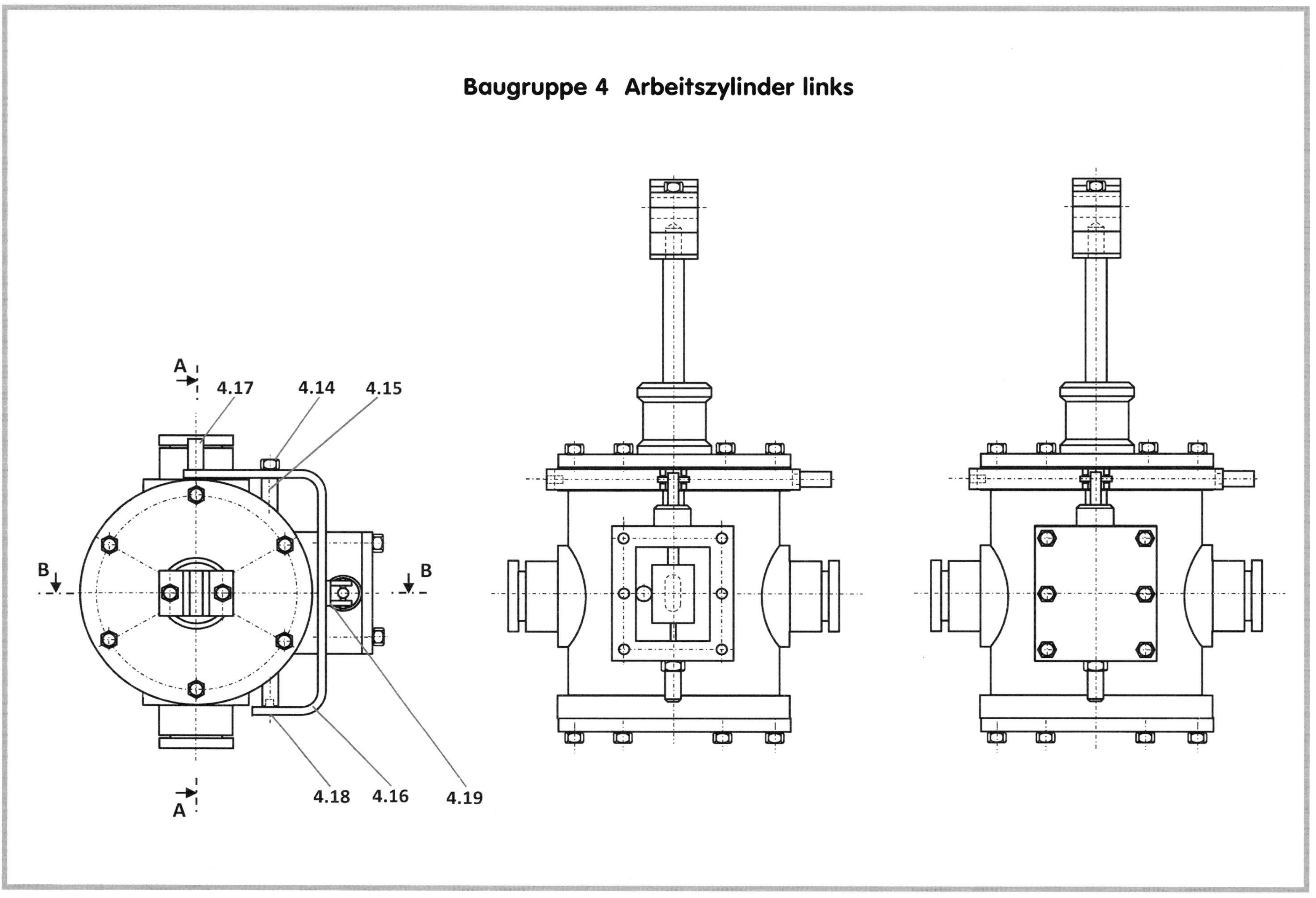
Baugruppe 4 Arbeitszylinder links
A
4.17
4.14
4.15
B
B
4.18
4.16
4.19
A

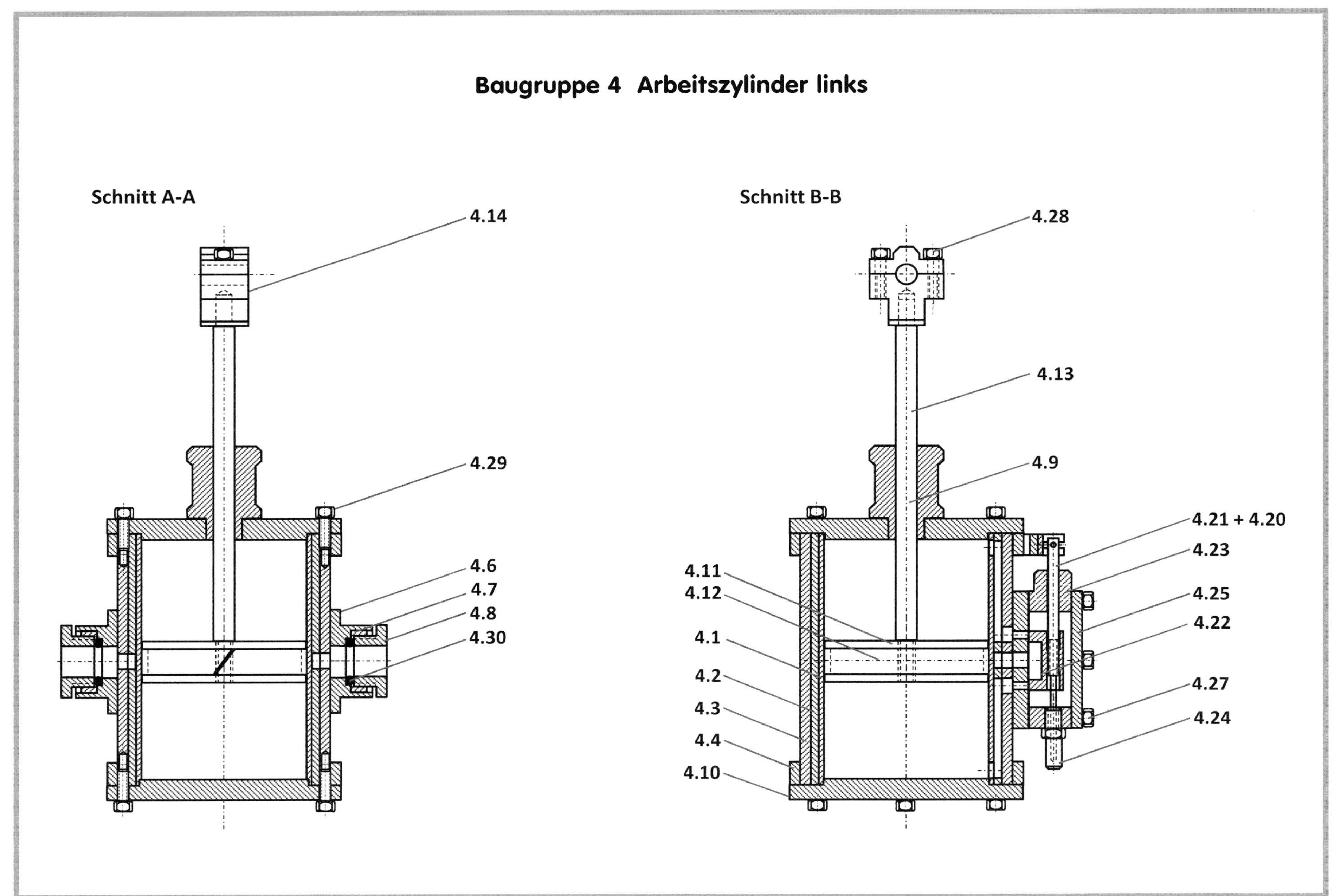
Baugruppe 4 Arbeitszylinder links
Schnitt A-A
4.14
4.29
4.6
4.7
4.8
4.30
Schnitt B-B
4.28
4.13
4.9
4.21 + 4.20
4.23
4.25
4.22
4.27
4.24
4.11
4.12
4.1
4.2
4.3
4.4
4.10

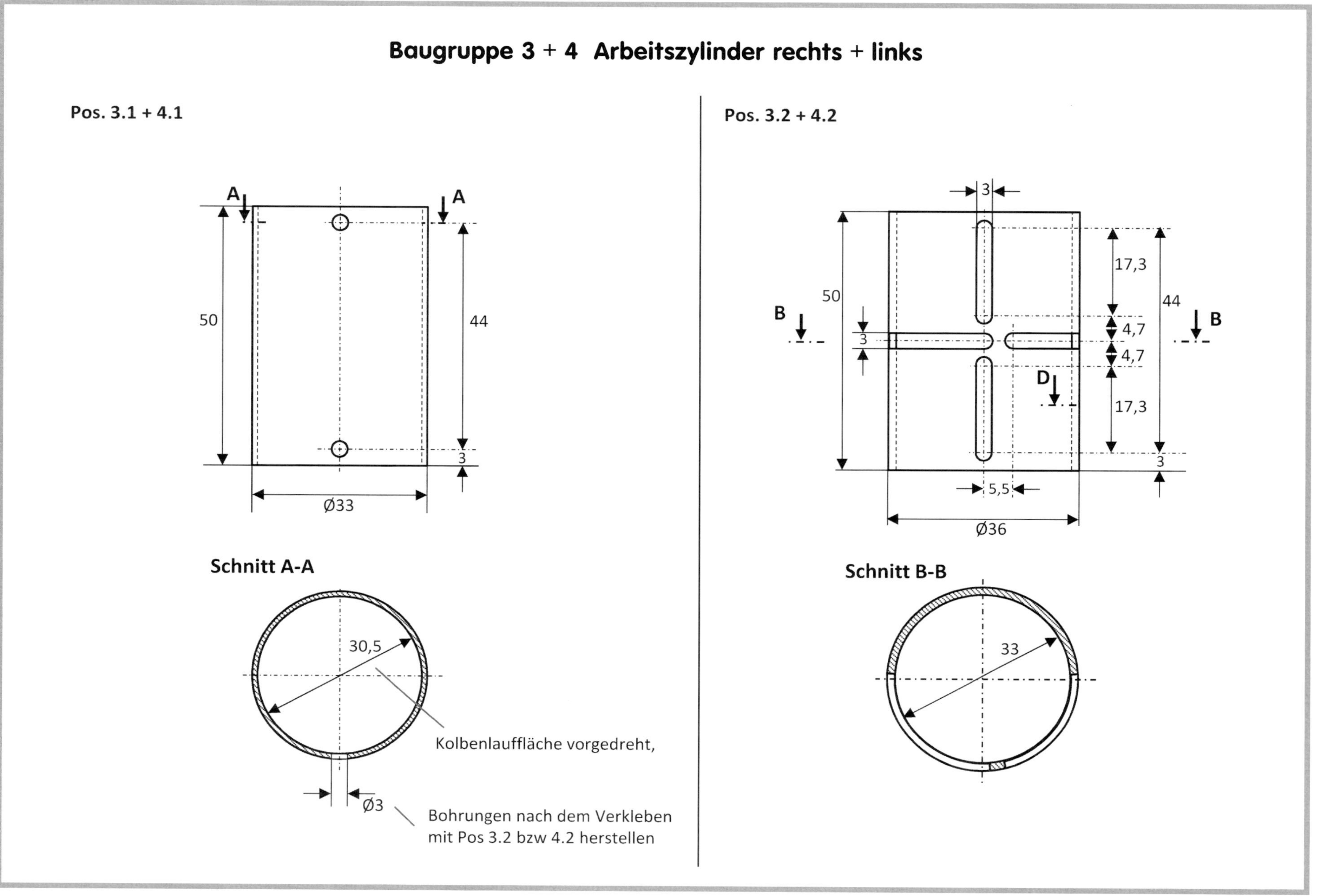
Baugruppe 3 + 4 Arbeitszylinder rechts + links
Pos. 3.1 + 4.1
A
A
50
44
3
Ø33
Schnitt A-A
30,5
Kolbenlauffläche vorgedreht,
Ø3
Bohrungen nach dem Verkleben
mit Pos 3.2 bzw 4.2 herstellen
Pos. 3.2 + 4.2
3
17,3
50
44
B
B
3
4,7
4,7
D
17,3
3
5,5
Ø36
Schnitt B-B
33

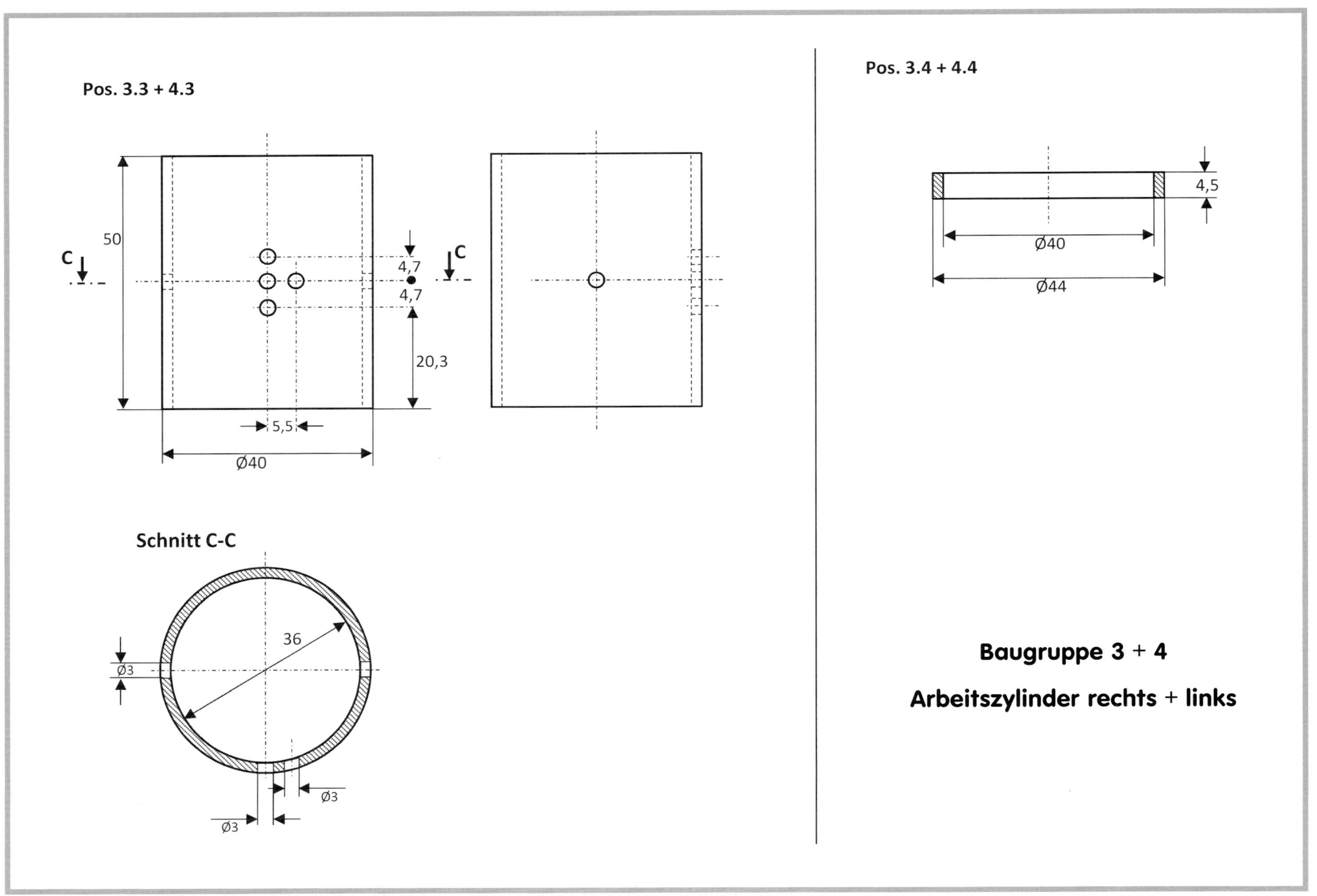
Pos. 3.3 + 4.3
50
C
4,7
4,7
C
20,3
5,5
Ø40
Schnitt C-C
36
Ø3
Ø3
Ø3
Pos. 3.4 + 4.4
4,5
Ø40
Ø44
Baugruppe 3 + 4
Arbeitszylinder rechts + links

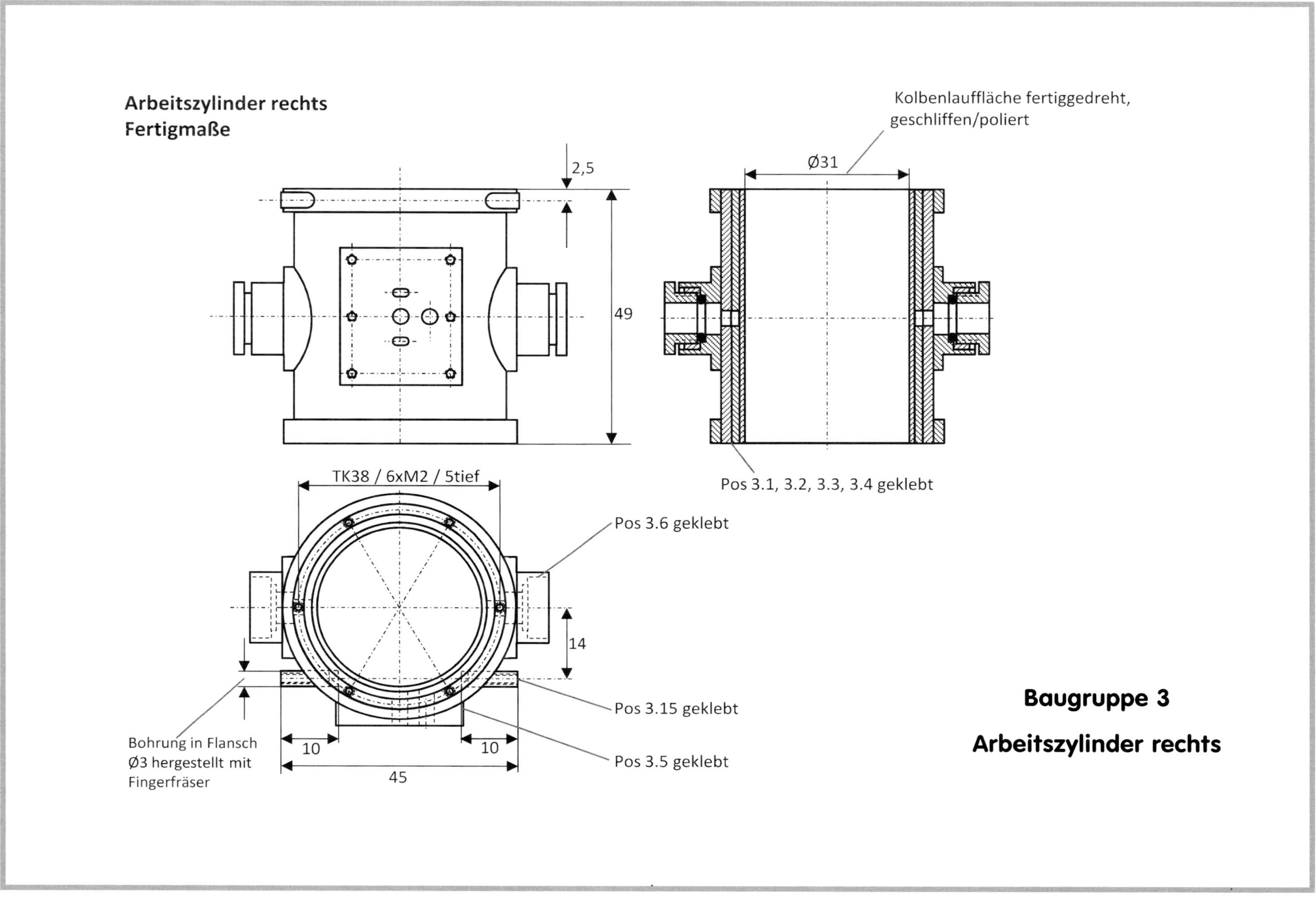
Arbeitszylinder rechts
Fertigmaße
Kolbenlauffläche fertiggedreht,
geschliffen/poliert
2,5
Ø31
49
Pos 3.1, 3.2, 3.3, 3.4 geklebt
TK38 / 6xM2 / 5tief
Pos 3.6 geklebt
14
Pos 3.15 geklebt
Pos 3.5 geklebt
Bohrung in Flansch
Ø3 hergestellt mit
Fingerfräser
10
10
45
Baugruppe 3
Arbeitszylinder rechts

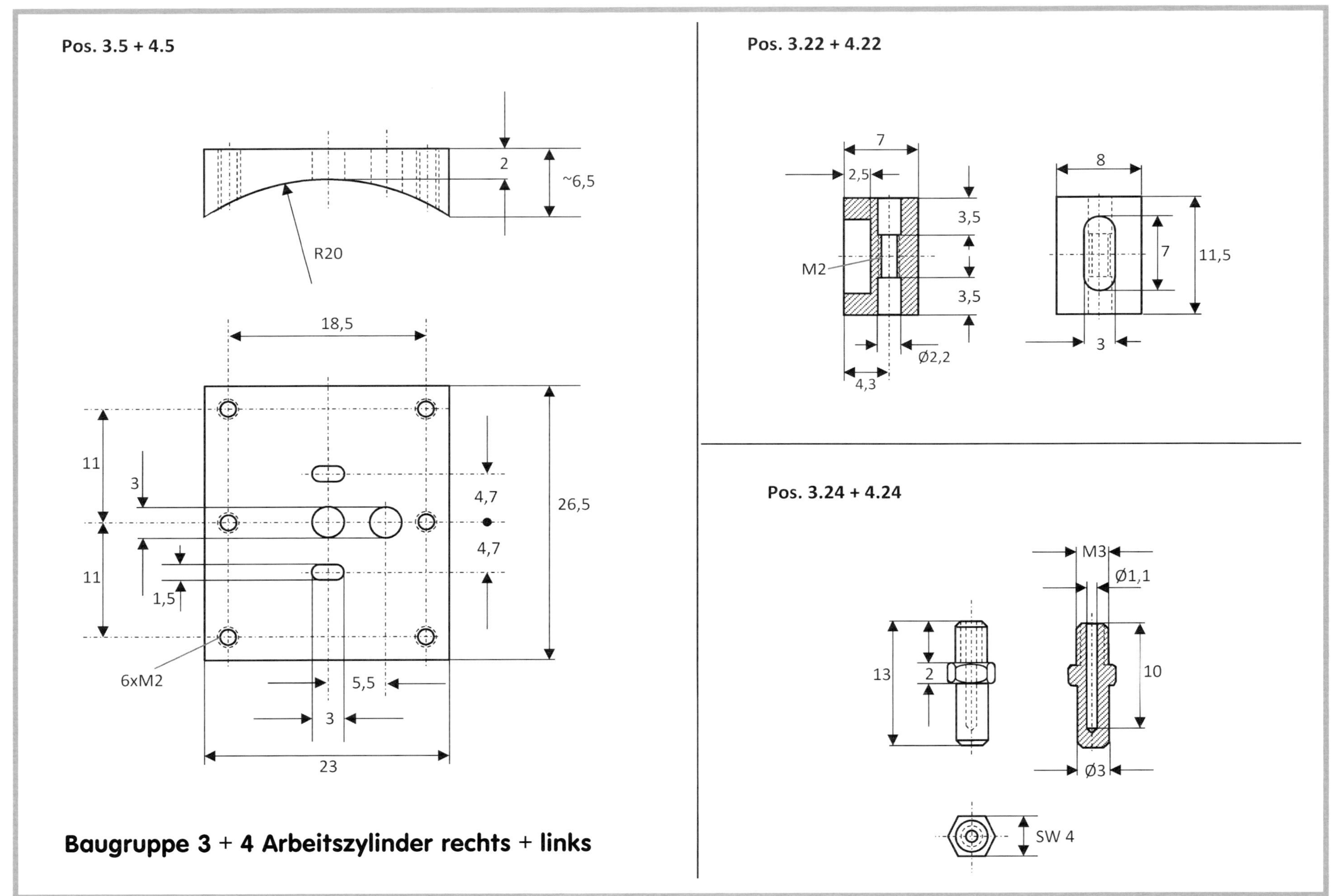
Pos. 3.5 + 4.5
2
~6,5
R20
18,5
11
3
4,7
26,5
4,7
11
1,5
6xM2
5,5
3
23
Baugruppe 3 + 4 Arbeitszylinder rechts + links
Pos. 3.22 + 4.22
7
2,5
3,5
M2
3,5
Ø2,2
4,3
8
7
11,5
3
Pos. 3.24 + 4.24
M3
Ø1,1
13
2
10
Ø3
SW 4

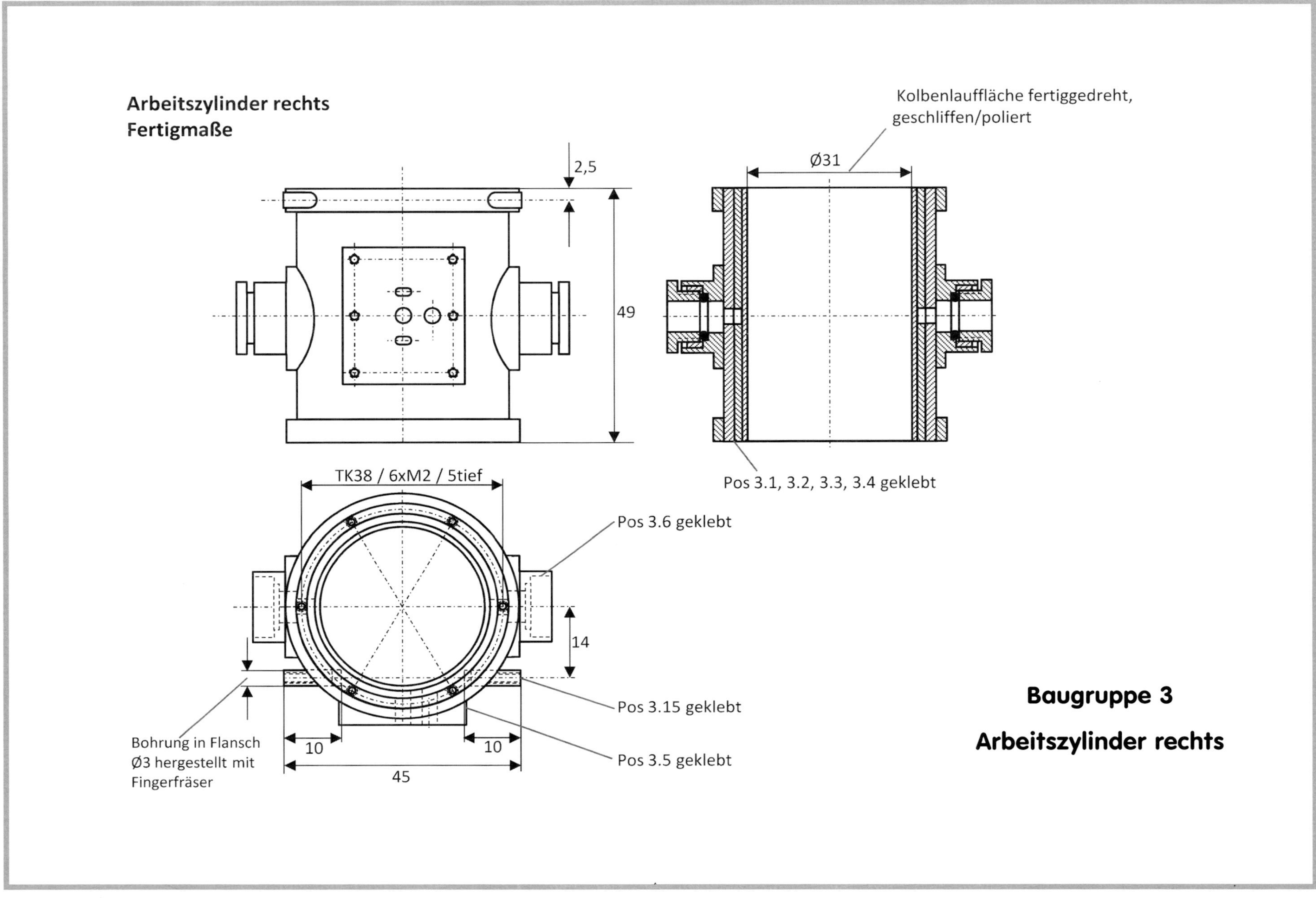
Arbeitszylinder rechts
Fertigmaße
Kolbenlauffläche fertiggedreht, geschliffen/poliert
2,5
Ø31
49
Pos 3.1, 3.2, 3.3, 3.4 geklebt
TK38 / 6xM2 / 5tief
Pos 3.6 geklebt
14
Pos 3.15 geklebt
Pos 3.5 geklebt
Bohrung in Flansch
Ø3 hergestellt mit
Fingerfräser
10
10
45
Baugruppe 3
Arbeitszylinder rechts

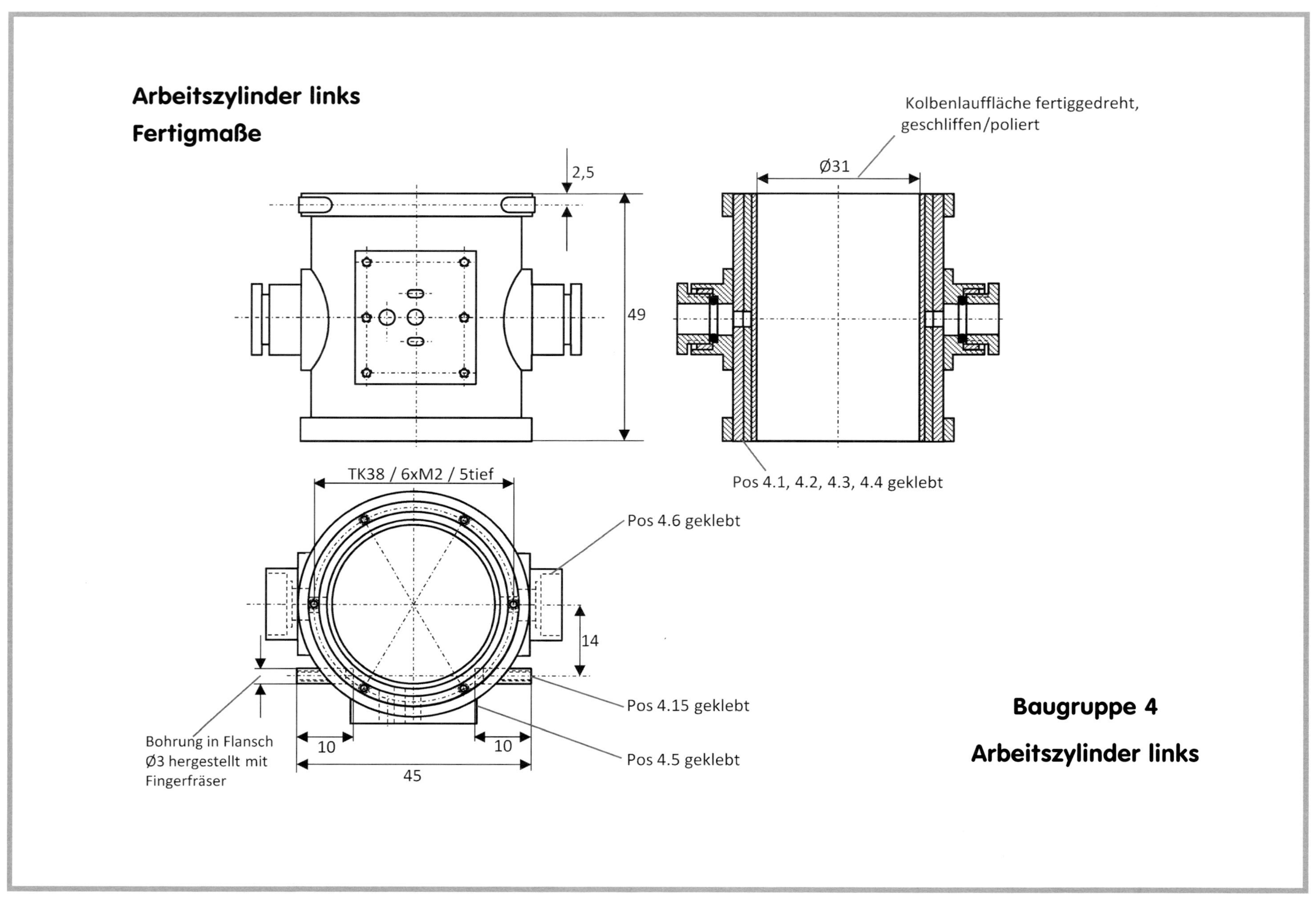

Arbeitszylinder links
Fertigmaße
Kolbenlauffläche fertiggedreht, geschliffen/poliert
2,5
Ø31
49
Pos 4.1, 4.2, 4.3, 4.4 geklebt
TK38 / 6xM2 / 5tief
Pos 4.6 geklebt
14
Pos 4.15 geklebt
Pos 4.5 geklebt
Bohrung in Flansch Ø3 hergestellt mit Fingerfräser
10
10
45
Baugruppe 4
Arbeitszylinder links

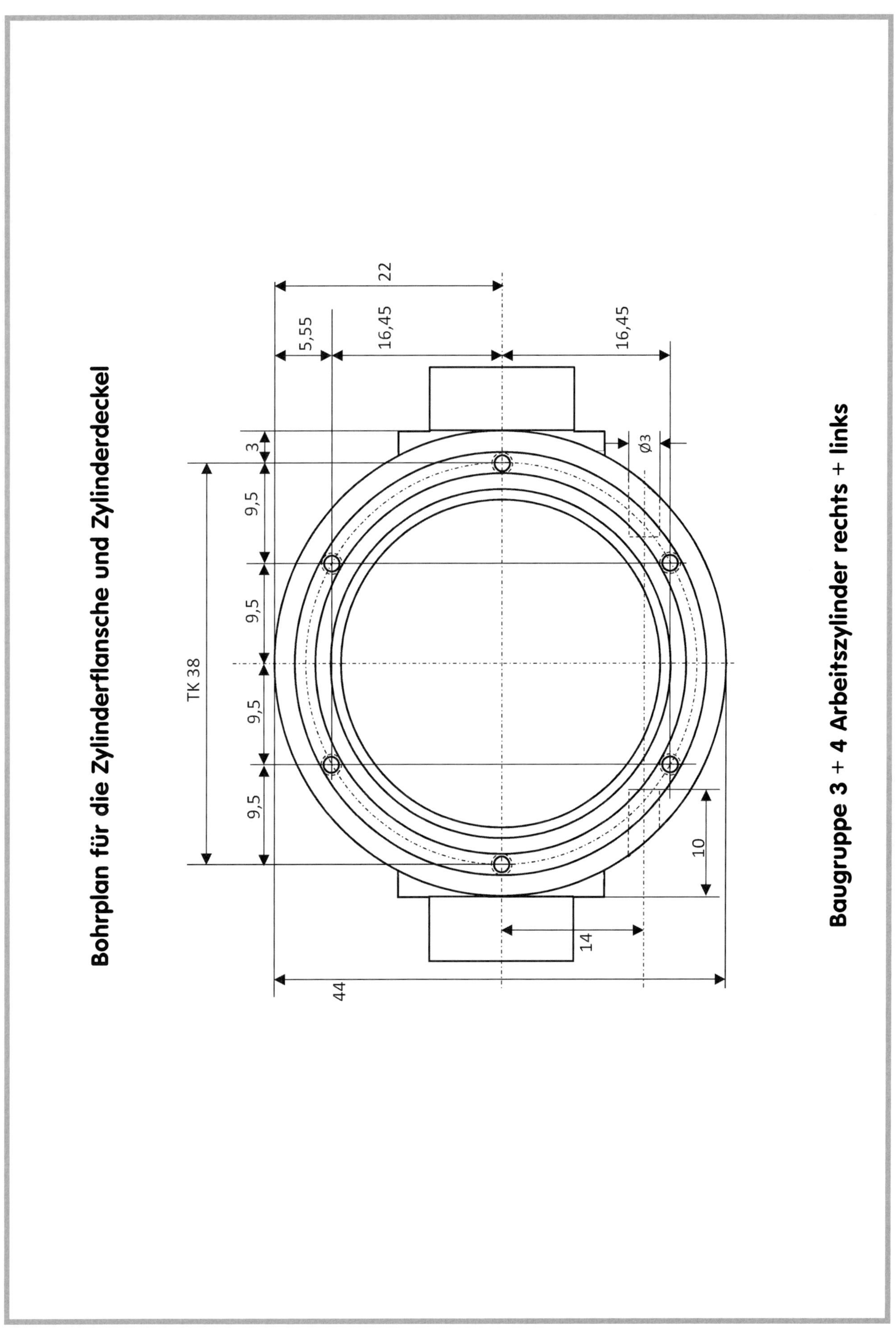
Bohrplan für die Zylinderflansche und Zylinderdeckel
Baugruppe 3 + 4 Arbeitszylinder rechts + links
22
5,55
16,45
16,45
3
Ø3
9,5
9,5
9,5
9,5
TK 38
10
14
44

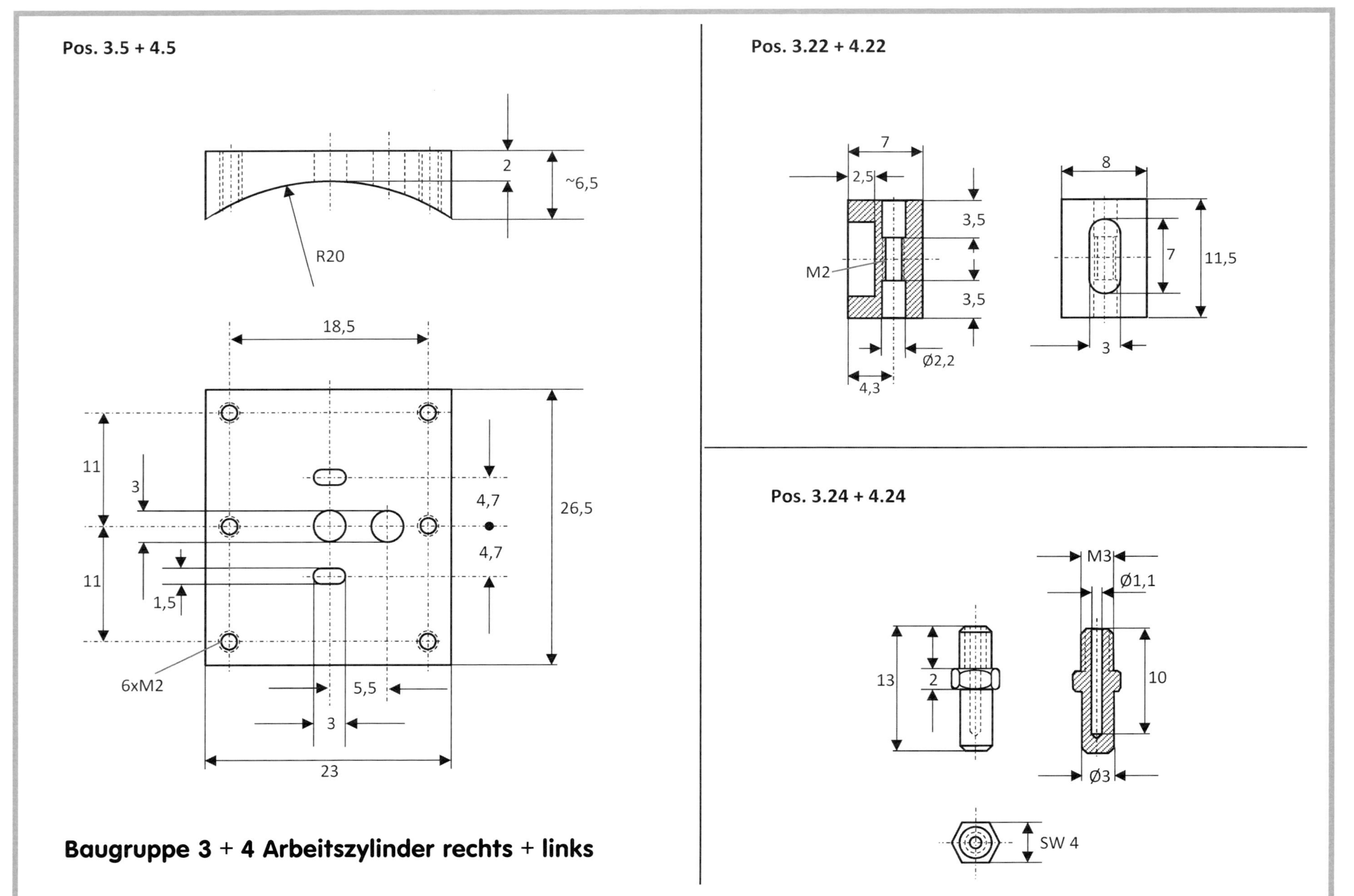
Pos. 3.5 + 4.5
2
~6,5
R20
18,5
11
3
4,7
26,5
4,7
11
1,5
6xM2
5,5
3
23
Baugruppe 3 + 4 Arbeitszylinder rechts + links
Pos. 3.22 + 4.22
7
2,5
3,5
M2
3,5
Ø2,2
4,3
8
7
11,5
3
Pos. 3.24 + 4.24
M3
Ø1,1
13
2
10
Ø3
SW 4

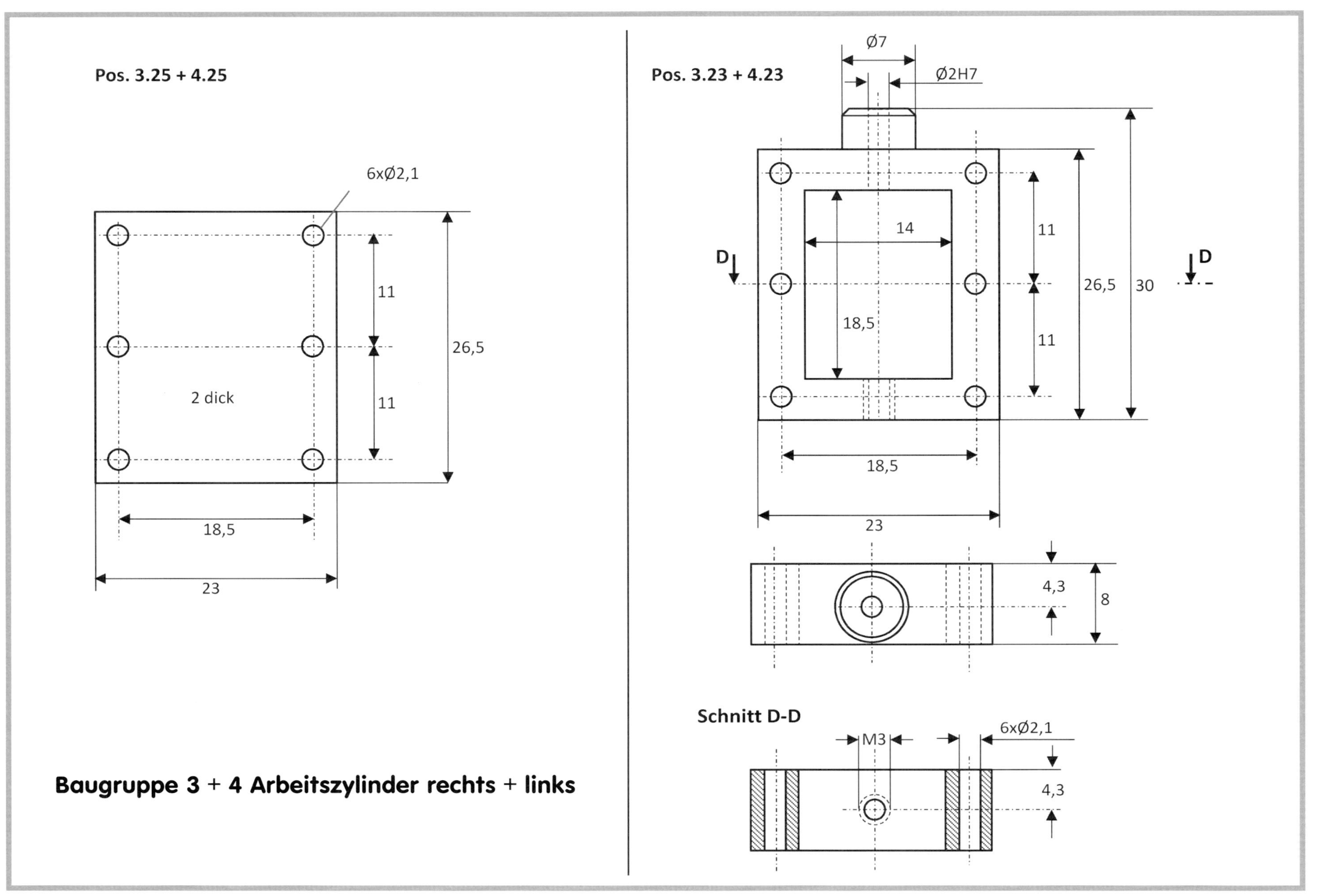
Pos. 3.25 + 4.25
6xØ2,1
11
11
26,5
2 dick
18,5
23
Baugruppe 3 + 4 Arbeitszylinder rechts + links
Pos. 3.23 + 4.23
Ø7
Ø2H7
14
D
D
11
11
26,5
30
18,5
18,5
23
4,3
8
Schnitt D-D
M3
6xØ2,1
4,3

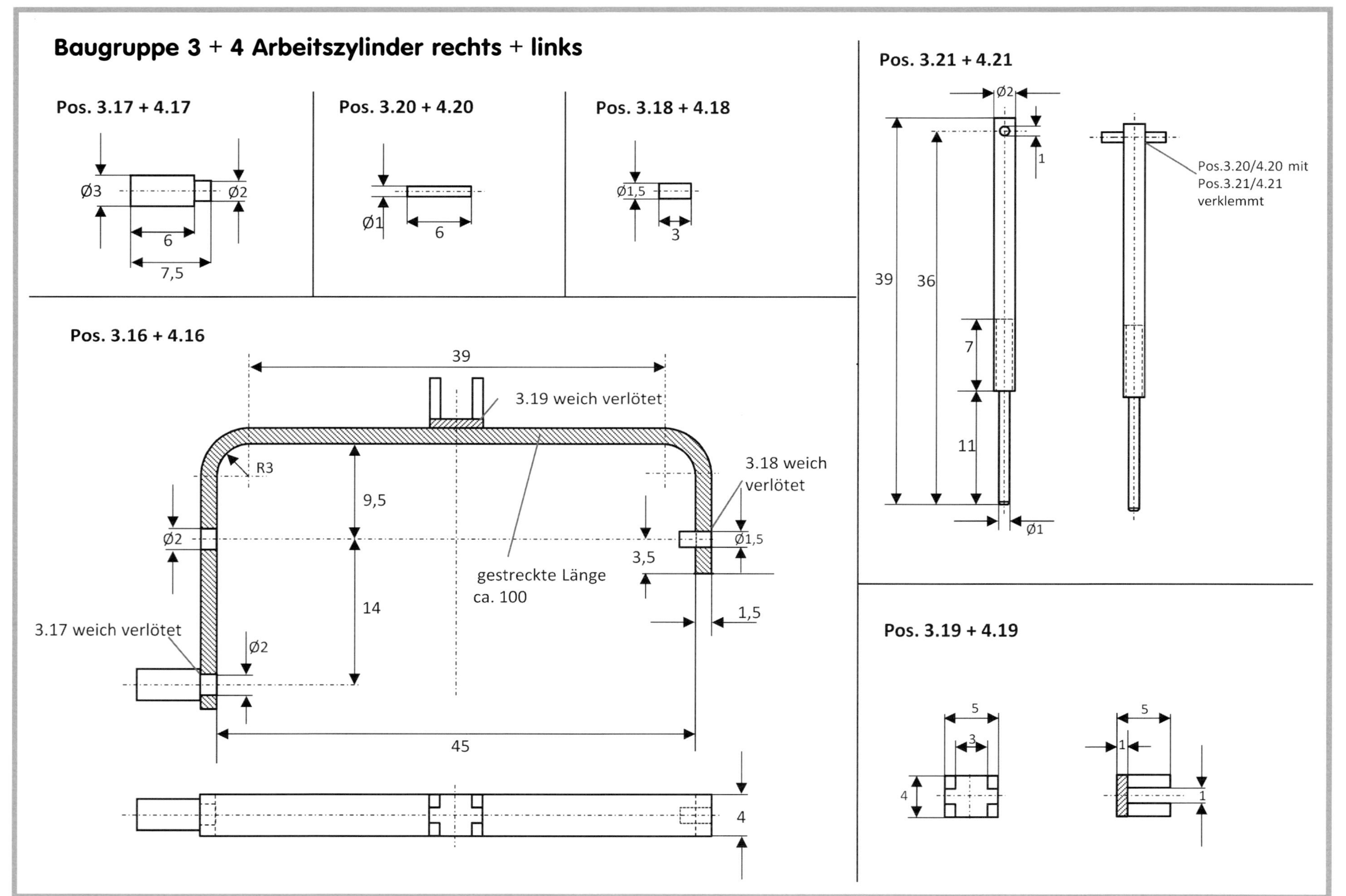
Baugruppe 3 + 4 Arbeitszylinder rechts + links
Pos. 3.17 + 4.17
Pos. 3.20 + 4.20
Pos. 3.18 + 4.18
Pos. 3.16 + 4.16
3.19 weich verlötet
3.18 weich
verlötet
3.17 weich verlötet
gestreckte Länge
ca. 100
R3
Pos. 3.21 + 4.21
Pos.3.20/4.20 mit
Pos.3.21/4.21
verklemmt
Pos. 3.19 + 4.19

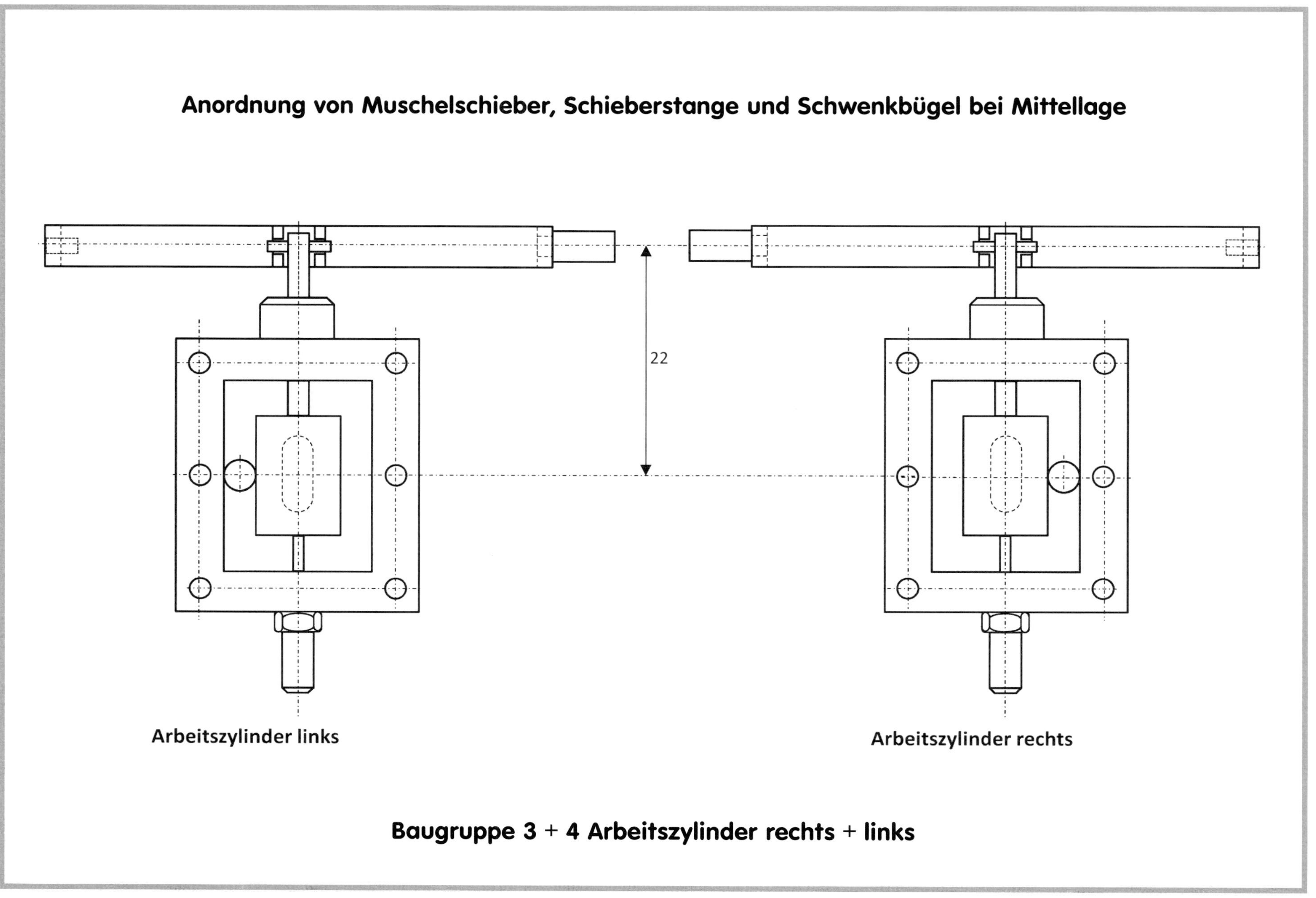
Anordnung von Muschelschieber, Schieberstange und Schwenkbügel bei Mittellage
22
Arbeitszylinder links
Arbeitszylinder rechts
Baugruppe 3 + 4 Arbeitszylinder rechts + links

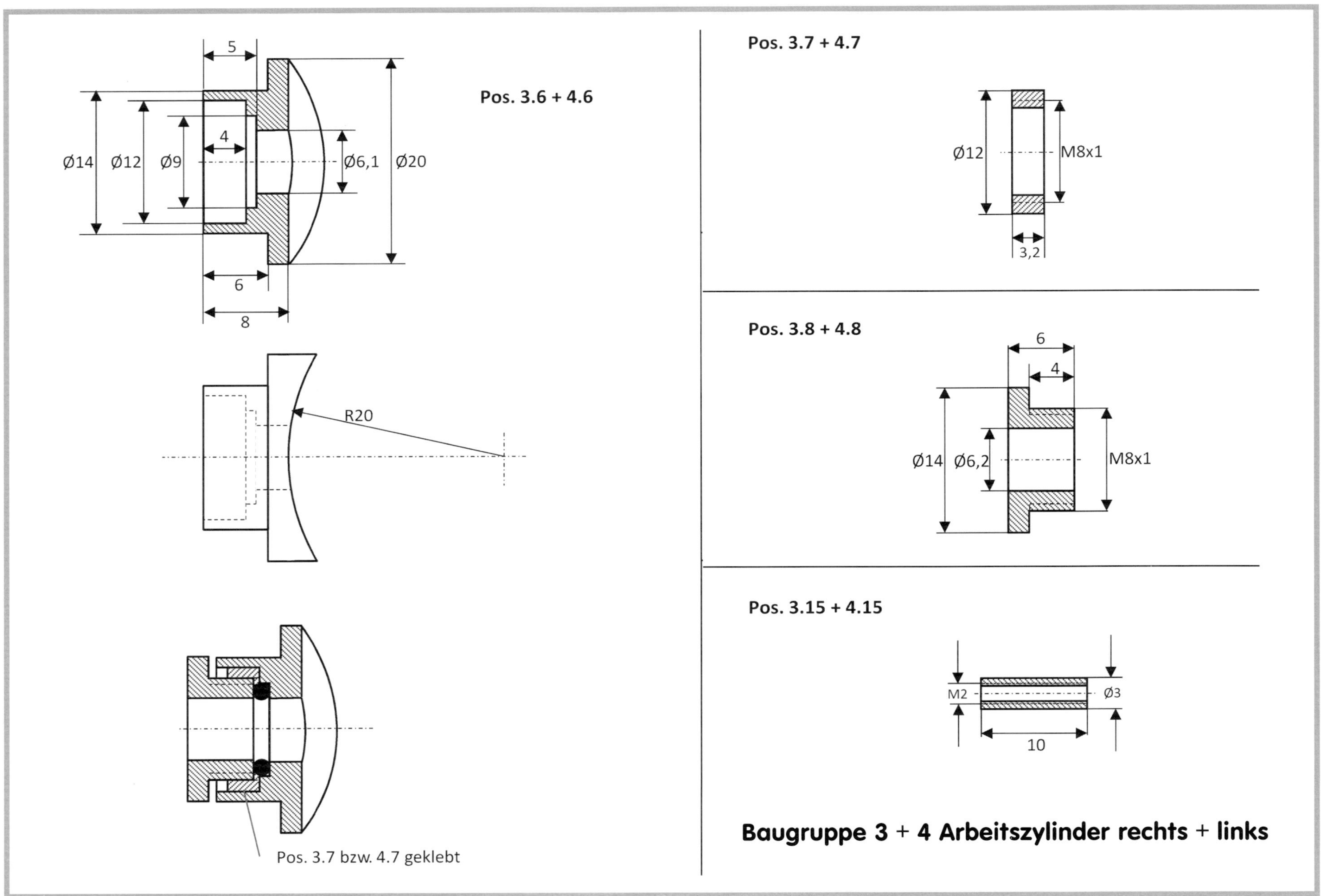
Pos. 3.6 + 4.6
5
Ø14
Ø12
Ø9
4
Ø6,1
Ø20
6
8
R20
Pos. 3.7 bzw. 4.7 geklebt
Pos. 3.7 + 4.7
Ø12
M8x1
3,2
Pos. 3.8 + 4.8
6
4
Ø14
Ø6,2
M8x1
Pos. 3.15 + 4.15
M2
Ø3
10
Baugruppe 3 + 4 Arbeitszylinder rechts + links

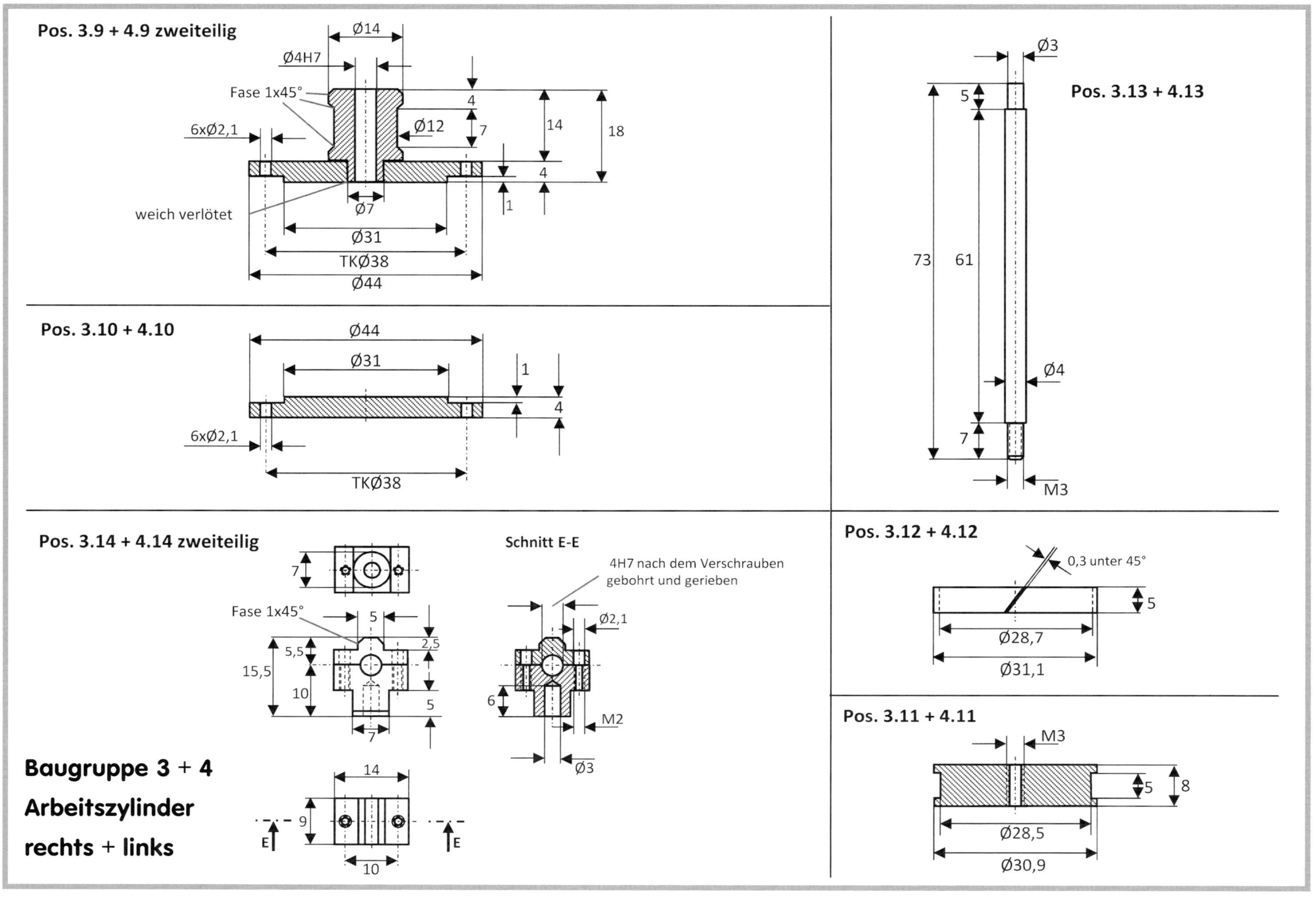
Pos. 3.9 + 4.9 zweiteilig
Fase 1x45°
weich verlötet
Pos. 3.10 + 4.10
Pos. 3.14 + 4.14 zweiteilig
Fase 1x45°
Schnitt E-E
4H7 nach dem Verschrauben gebohrt und gerieben
Baugruppe 3 + 4
Arbeitszylinder
rechts + links
Pos. 3.13 + 4.13
Pos. 3.12 + 4.12
0,3 unter 45°
Pos. 3.11 + 4.11

Montierter Arbeitskolben

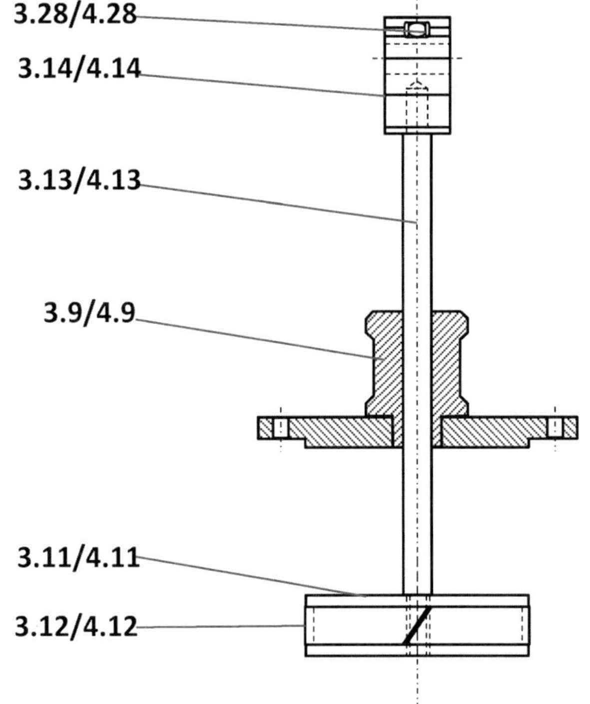

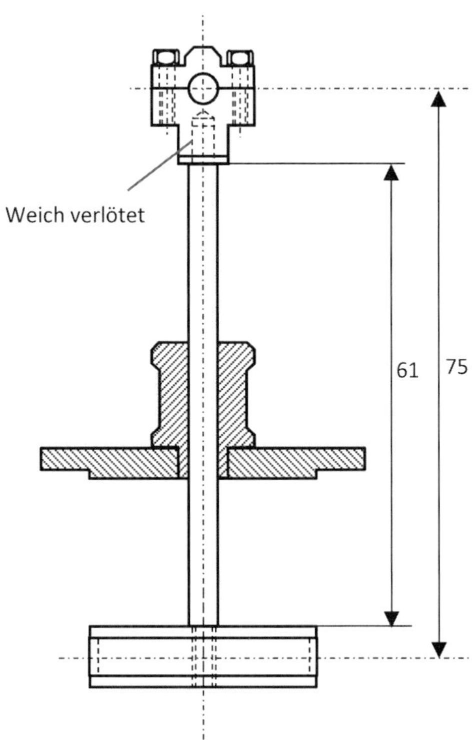

Baugruppe 3 + 4 Arbeitszylinder rechts + links

Ermittlung der Zylinderlänge aus Kolbenhöhe, Kolbenhub, Deckel-Eintauchtiefe und „Toter Höhe"

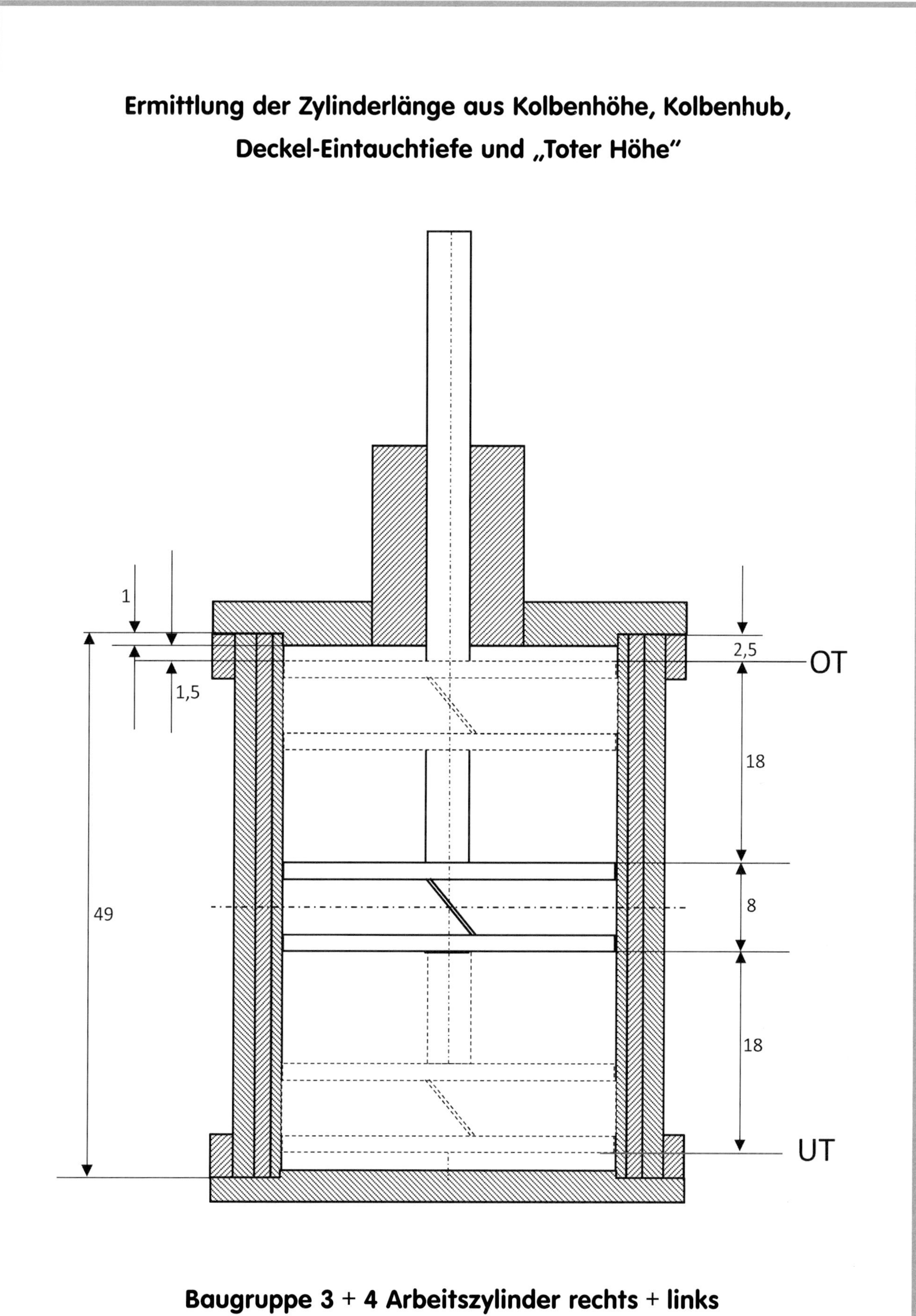

Baugruppe 3 + 4 Arbeitszylinder rechts + links

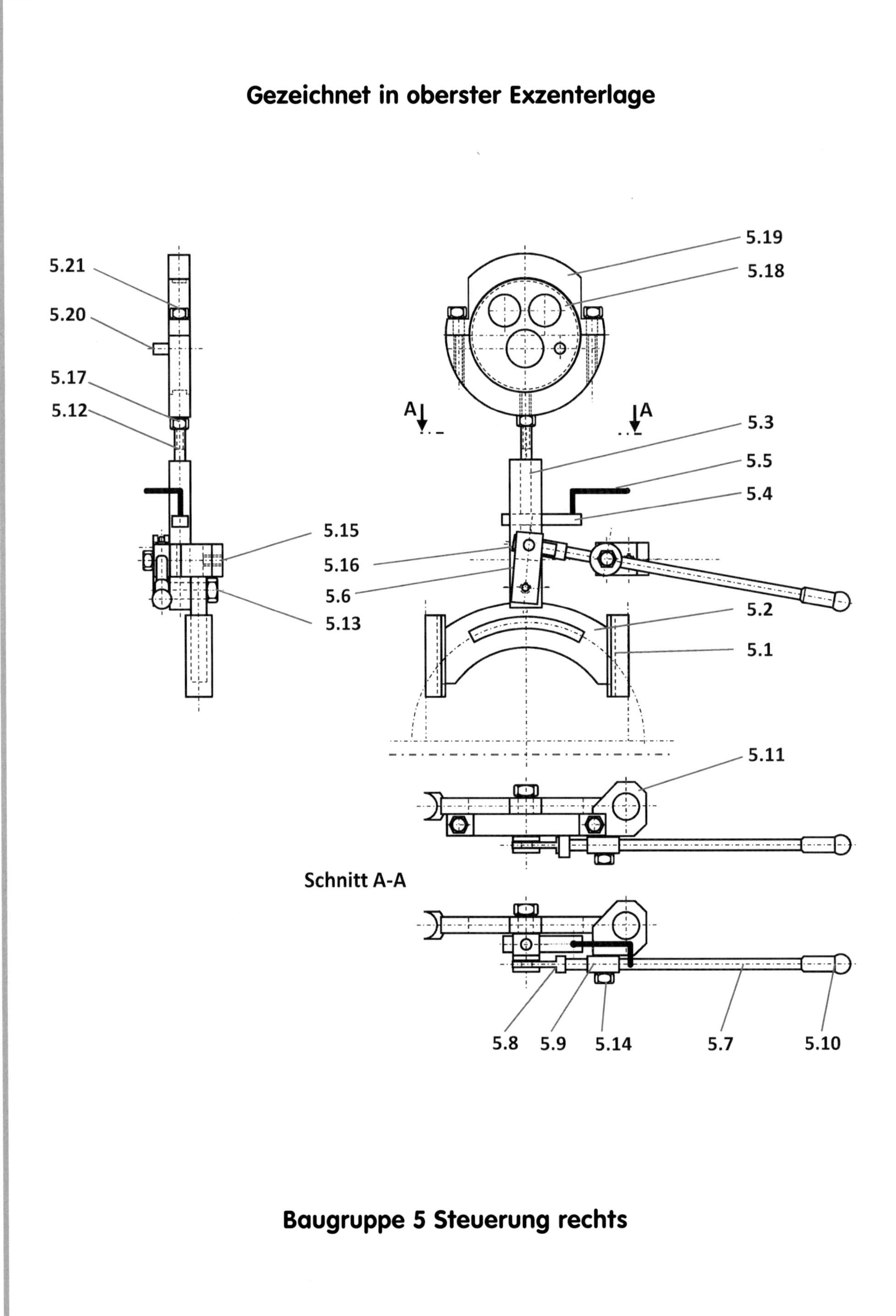

Baugruppe 5 Steuerung rechts

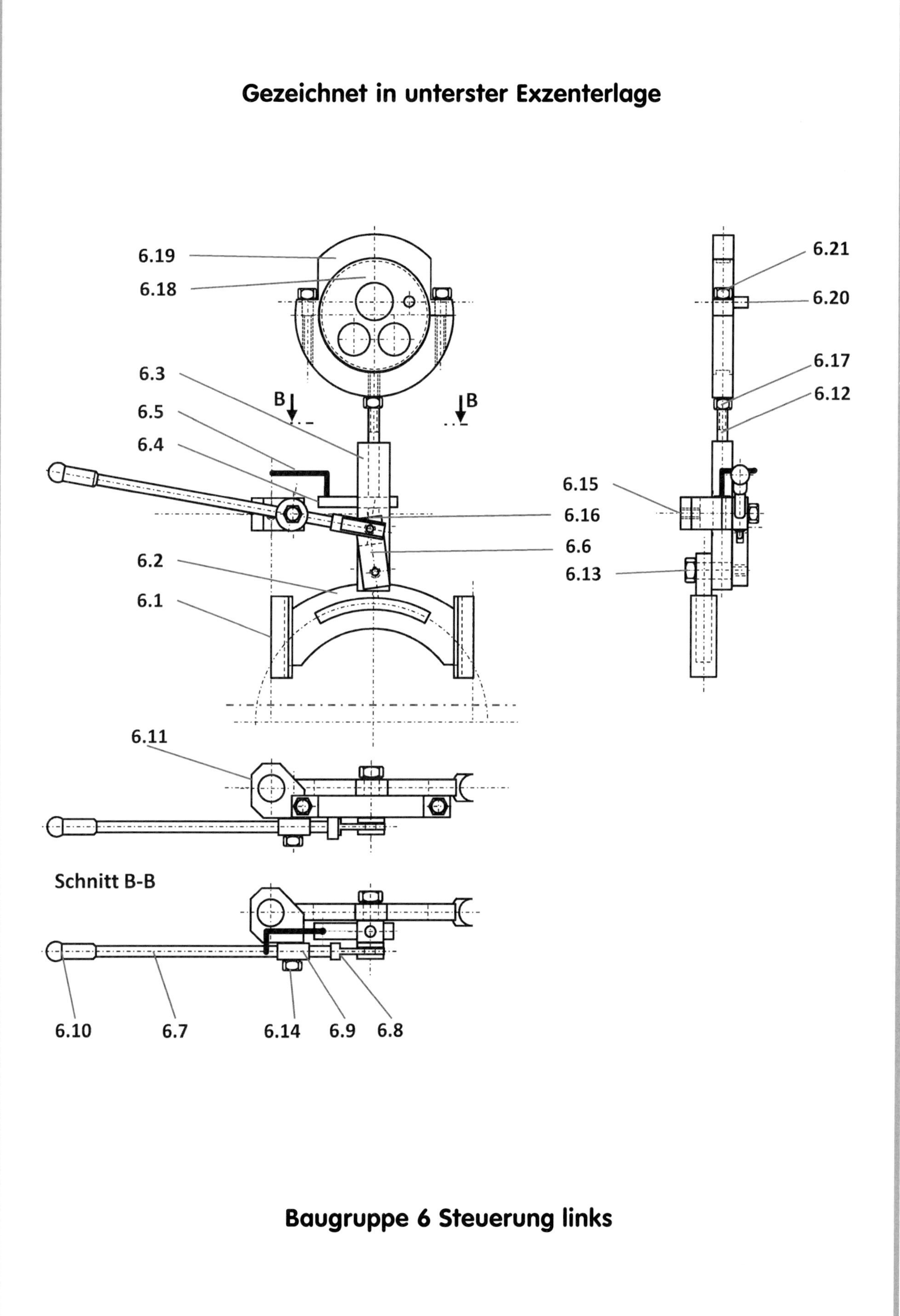
Gezeichnet in unterster Exzenterlage
6.19
6.18
6.3
6.5
6.4
B
B
6.2
6.1
6.21
6.20
6.17
6.12
6.15
6.16
6.6
6.13
6.11
Schnitt B-B
6.10
6.7
6.14
6.9
6.8
Baugruppe 6 Steuerung links

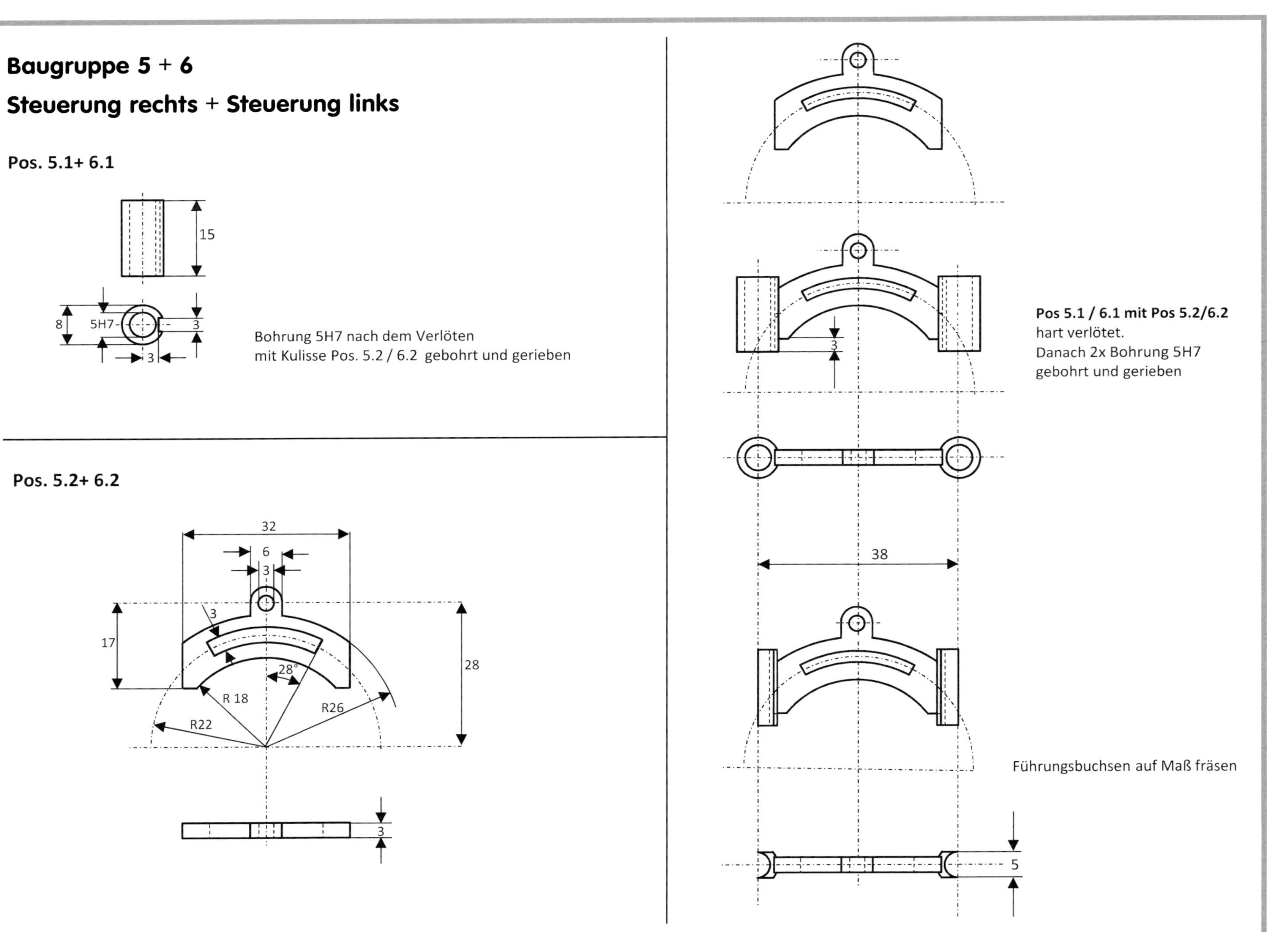
Baugruppe 5 + 6
Steuerung rechts + Steuerung links
Pos. 5.1+ 6.1
15
8
5H7
3
3
Bohrung 5H7 nach dem Verlöten
mit Kulisse Pos. 5.2 / 6.2 gebohrt und gerieben
Pos. 5.2+ 6.2
32
6
3
3
17
28°
28
R 18
R26
R22
3
Pos 5.1 / 6.1 mit Pos 5.2/6.2
hart verlötet.
Danach 2x Bohrung 5H7
gebohrt und gerieben
3
38
Führungsbuchsen auf Maß fräsen
5

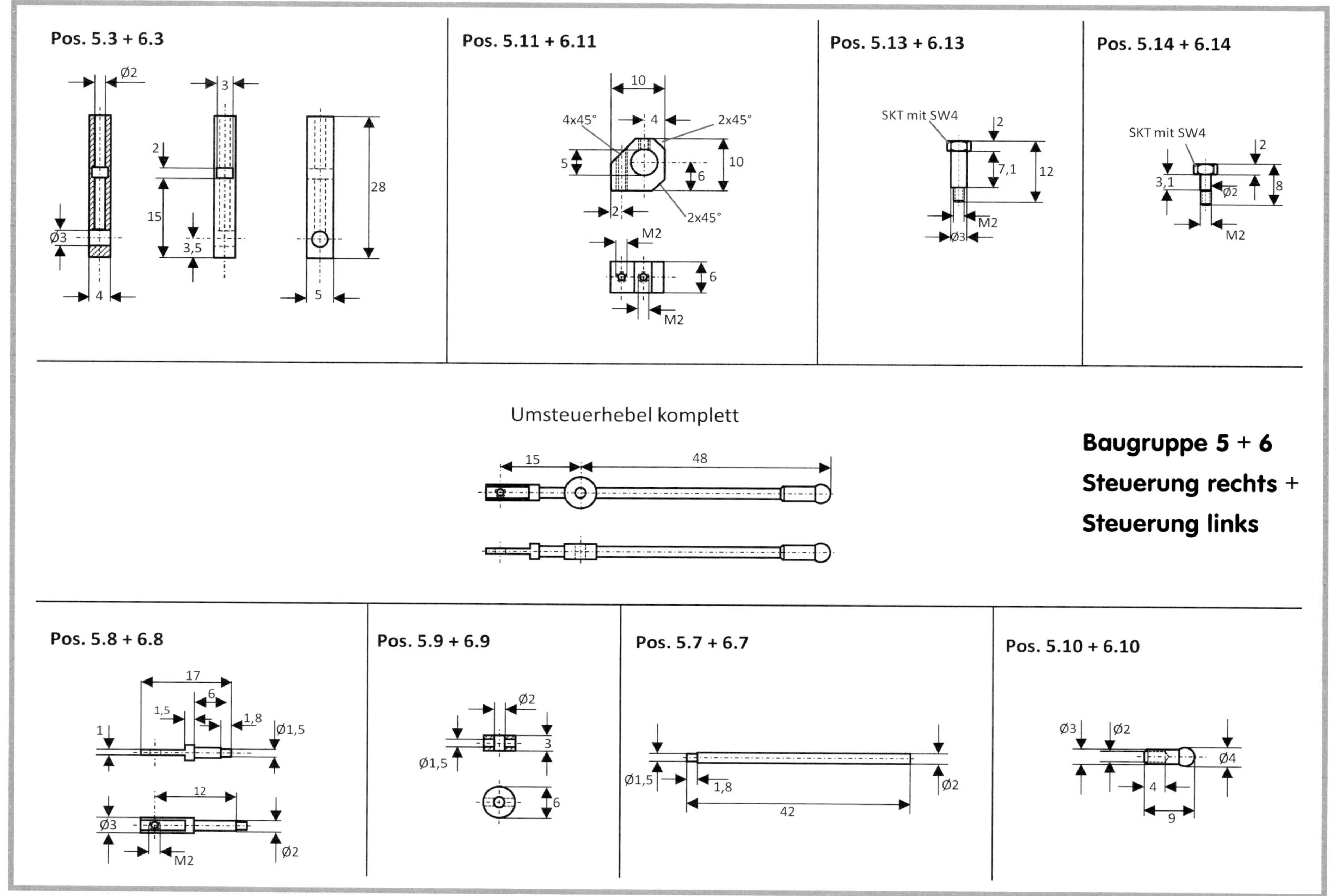
Pos. 5.3 + 6.3
Pos. 5.11 + 6.11
Pos. 5.13 + 6.13
SKT mit SW4
Pos. 5.14 + 6.14
SKT mit SW4
Umsteuerhebel komplett
Baugruppe 5 + 6
Steuerung rechts +
Steuerung links
Pos. 5.8 + 6.8
Pos. 5.9 + 6.9
Pos. 5.7 + 6.7
Pos. 5.10 + 6.10

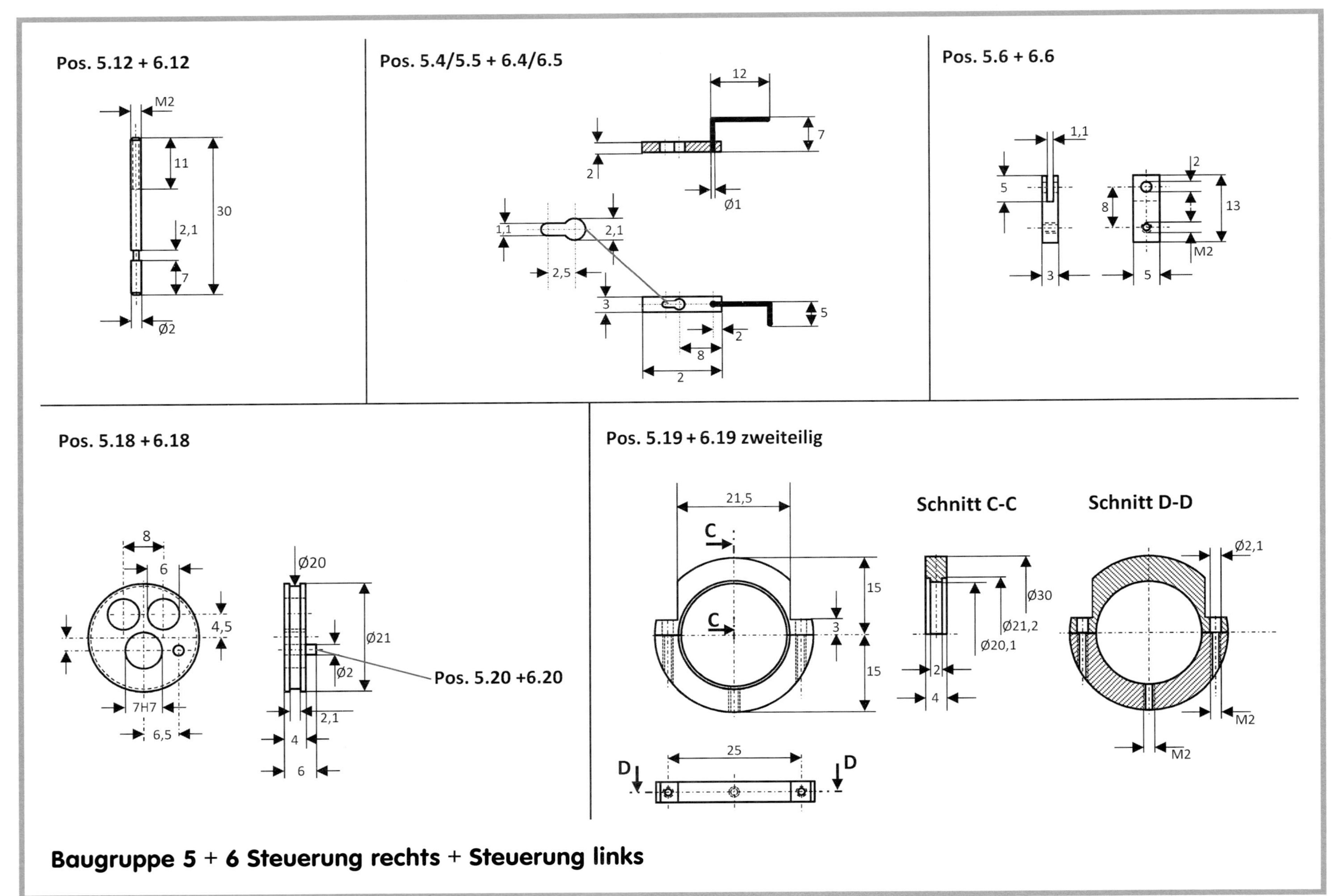
Pos. 5.12 + 6.12
Pos. 5.4/5.5 + 6.4/6.5
Pos. 5.6 + 6.6
Pos. 5.18 + 6.18
Pos. 5.20 + 6.20
Pos. 5.19 + 6.19 zweiteilig
Schnitt C-C
Schnitt D-D
Baugruppe 5 + 6 Steuerung rechts + Steuerung links

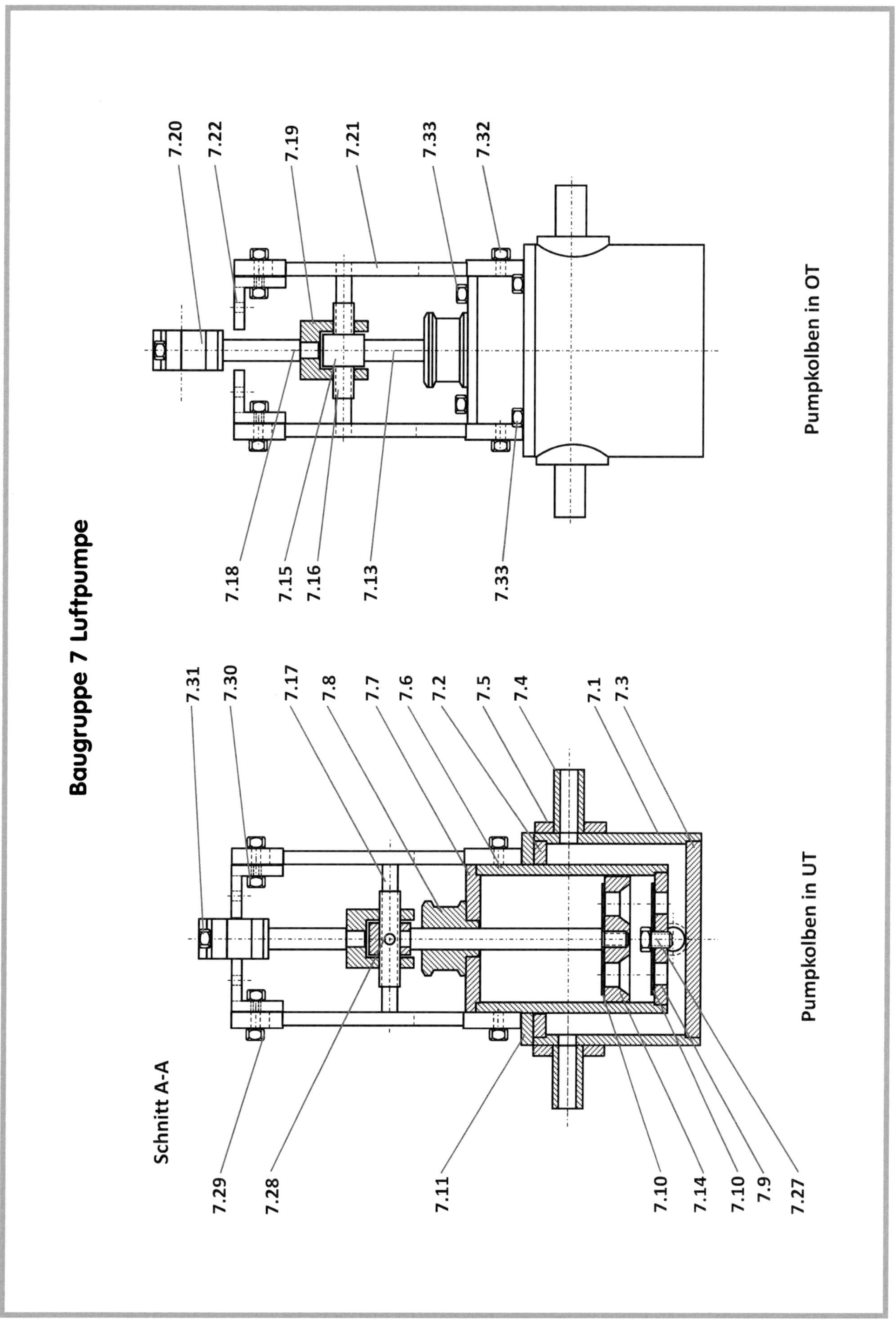
Baugruppe 7 Luftpumpe
Schnitt A-A
7.31
7.30
7.17
7.8
7.7
7.6
7.2
7.5
7.4
7.1
7.3
7.29
7.28
7.11
7.10
7.14
7.10
7.9
7.27
Pumpkolben in UT
7.20
7.22
7.19
7.21
7.33
7.32
7.18
7.15
7.16
7.13
7.33
Pumpkolben in OT

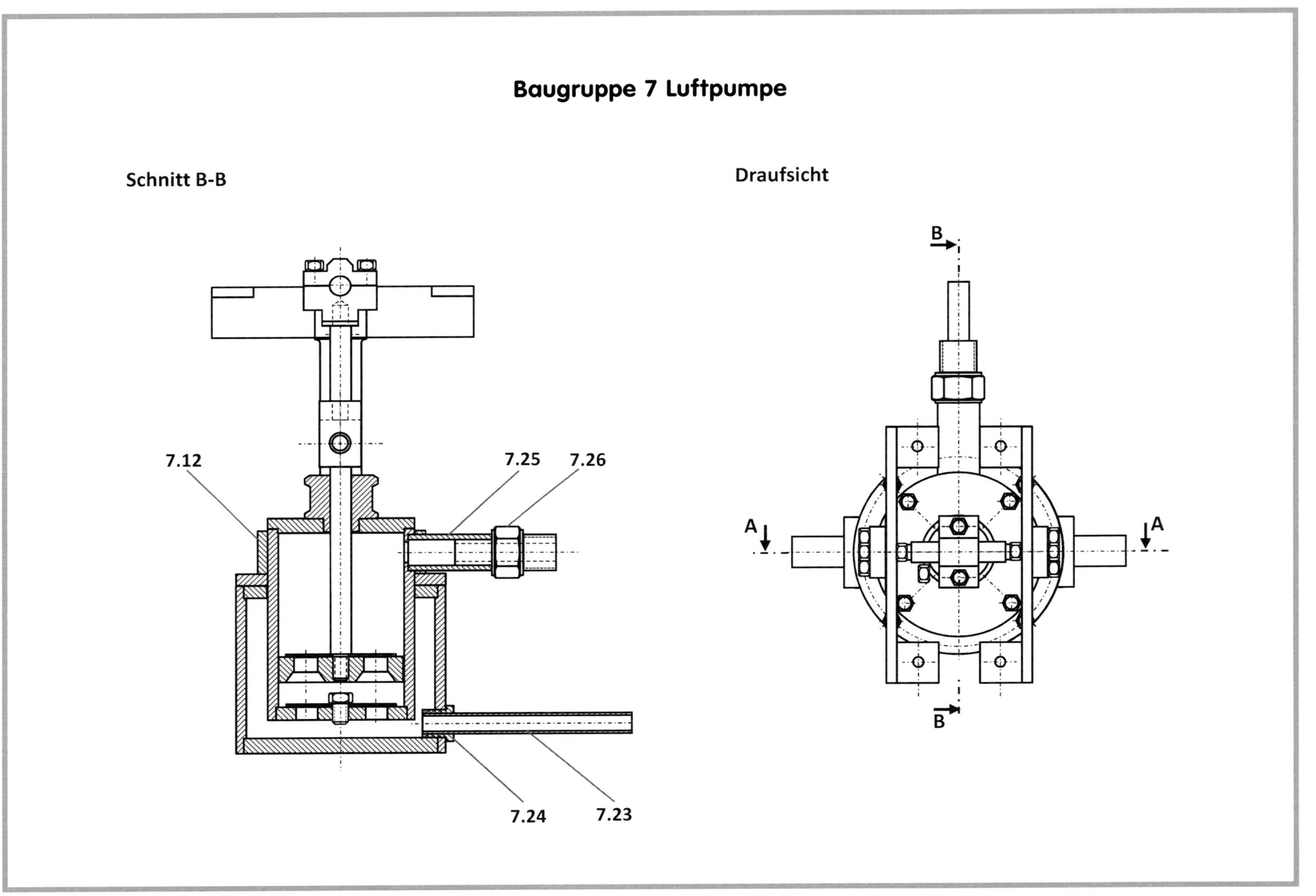

Baugruppe 7 Luftpumpe
Schnitt B-B
Draufsicht
7.12
7.25
7.26
7.24
7.23
B
B
A
A

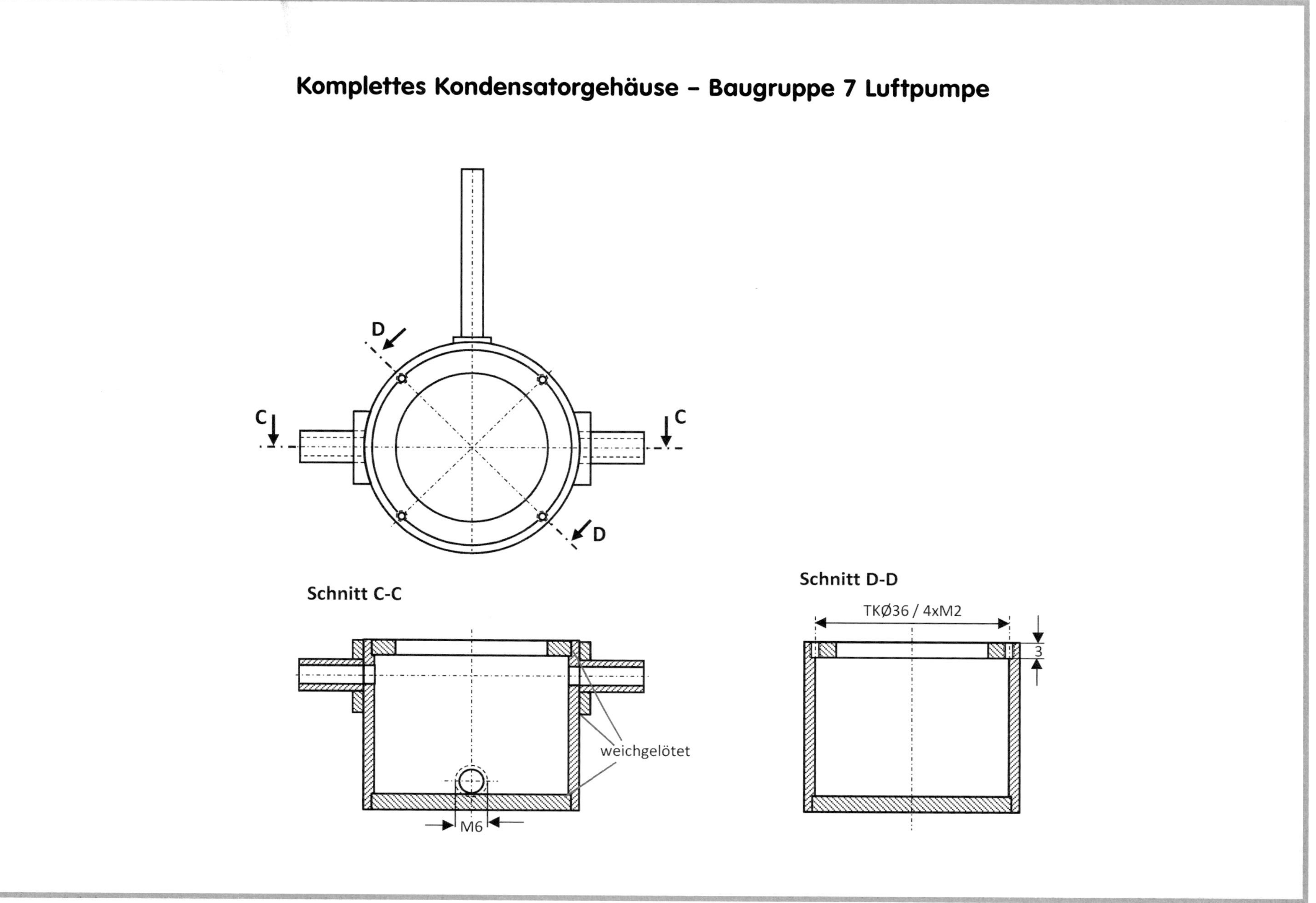
Komplettes Kondensatorgehäuse – Baugruppe 7 Luftpumpe
D
C
C
D
Schnitt C-C
weichgelötet
M6
Schnitt D-D
TKØ36 / 4xM2
3

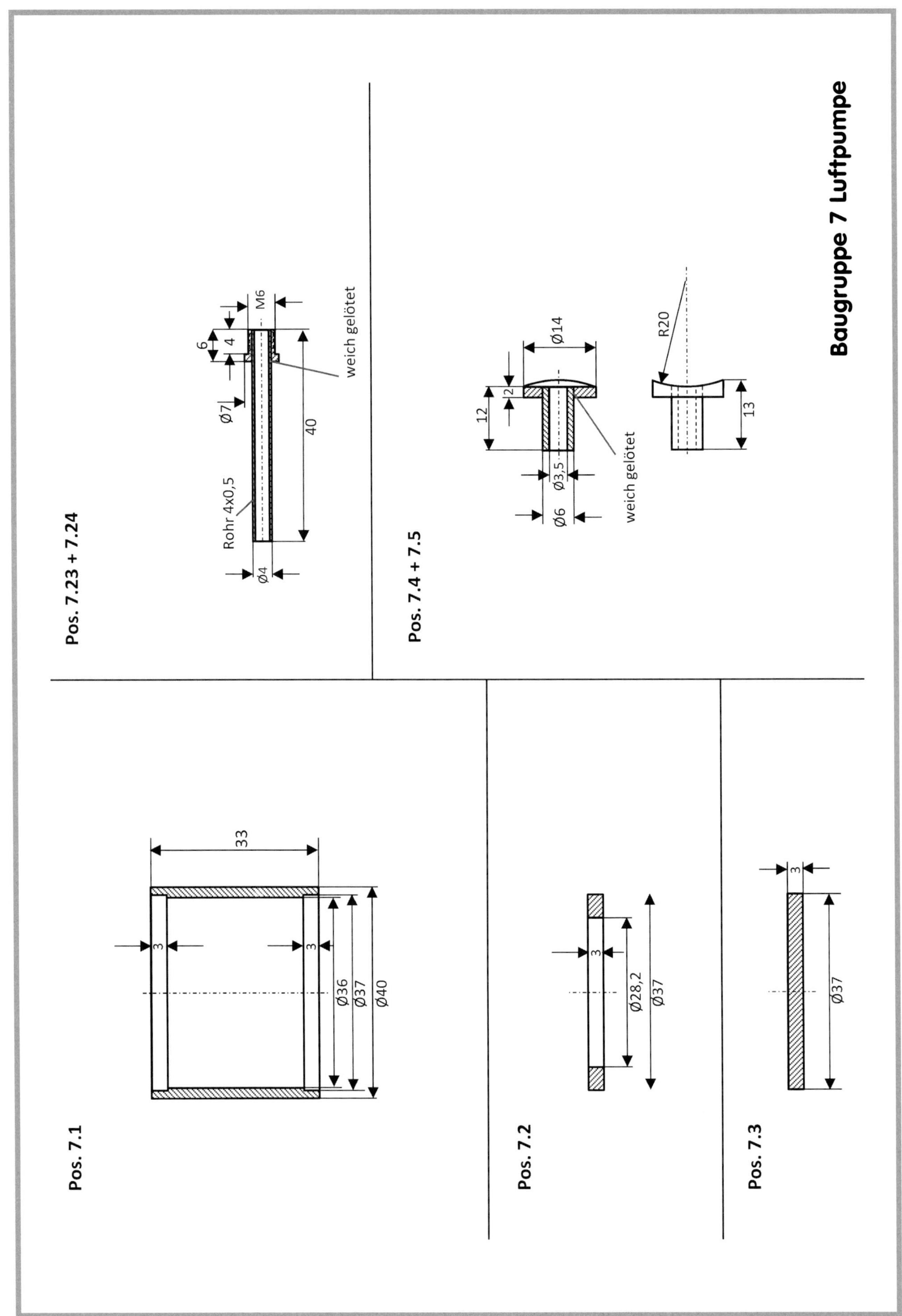

Baugruppe 7 Luftpumpe
Pos. 7.23 + 7.24
M6
6
4
weich gelötet
Ø7
40
Rohr 4x0,5
Ø4
Pos. 7.4 + 7.5
Ø14
12
2
Ø3,5
Ø6
weich gelötet
R20
13
Pos. 7.1
33
3
3
Ø36
Ø37
Ø40
Pos. 7.2
3
Ø28,2
Ø37
Pos. 7.3
3
Ø37

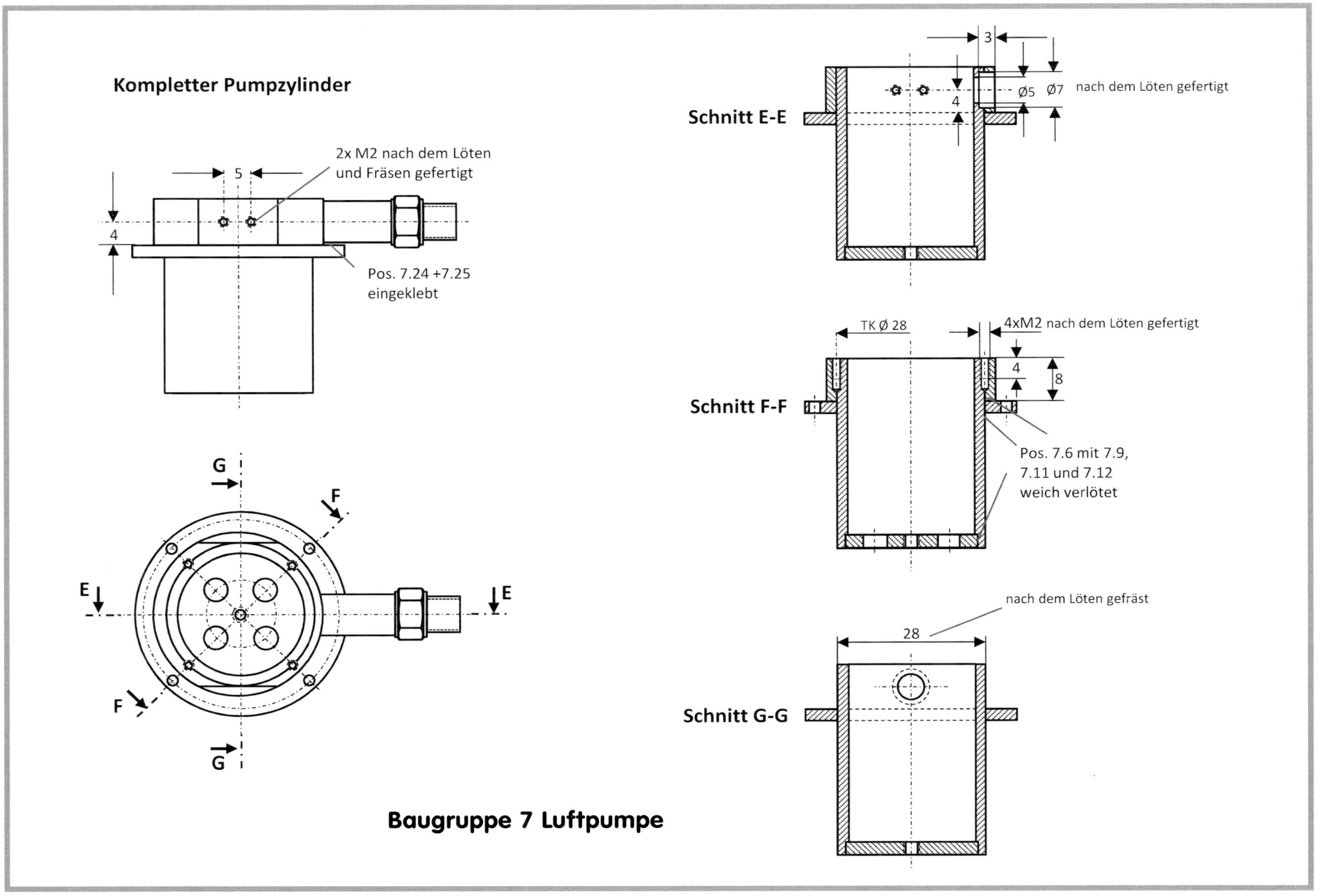
Kompletter Pumpzylinder
2x M2 nach dem Löten und Fräsen gefertigt
Pos. 7.24 +7.25 eingeklebt
Schnitt E-E
Ø5 Ø7 nach dem Löten gefertigt
Schnitt F-F
TK Ø 28
4xM2 nach dem Löten gefertigt
Pos. 7.6 mit 7.9, 7.11 und 7.12 weich verlötet
nach dem Löten gefräst
Schnitt G-G
Baugruppe 7 Luftpumpe

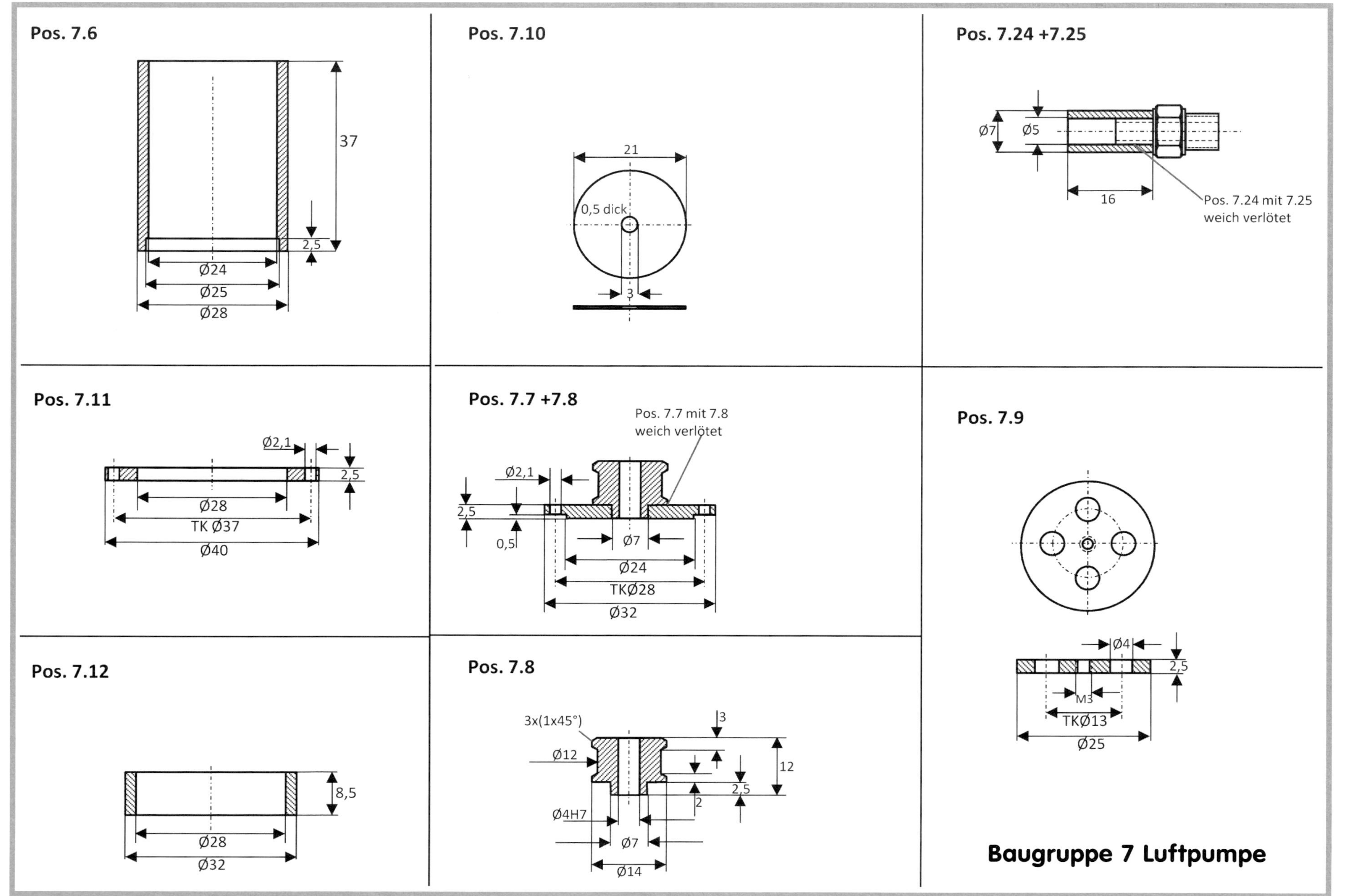
Pos. 7.6
37
2,5
Ø24
Ø25
Ø28
Pos. 7.10
21
0,5 dick
3
Pos. 7.24 +7.25
Ø7
Ø5
16
Pos. 7.24 mit 7.25 weich verlötet
Pos. 7.11
Ø2,1
2,5
Ø28
TK Ø37
Ø40
Pos. 7.7 +7.8
Pos. 7.7 mit 7.8 weich verlötet
Ø2,1
2,5
0,5
Ø7
Ø24
TKØ28
Ø32
Pos. 7.9
Ø4
2,5
M3
TKØ13
Ø25
Pos. 7.12
8,5
Ø28
Ø32
Pos. 7.8
3x(1x45°)
3
Ø12
12
2,5
2
Ø4H7
Ø7
Ø14
Baugruppe 7 Luftpumpe

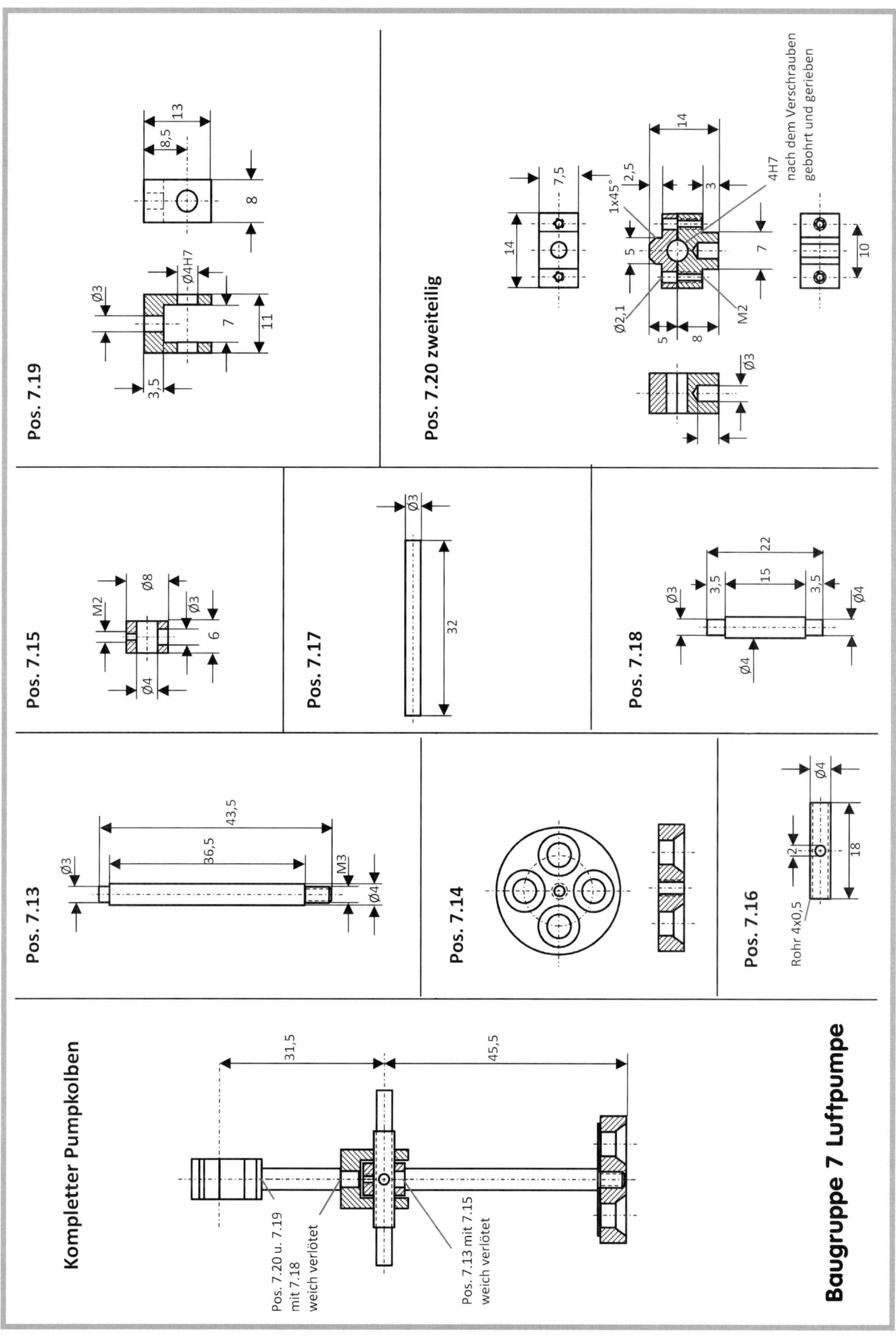
Pos. 7.19
Ø3
Ø4H7
3,5
7
11
8,5
13
8
Pos. 7.20 zweiteilig
14
7,5
1x45°
2,5
3
14
5
7
10
Ø2,1
5
8
M2
4H7
nach dem Verschrauben gebohrt und gerieben
Ø3
Pos. 7.15
M2
Ø8
Ø3
6
Ø4
Pos. 7.17
Ø3
32
Pos. 7.18
Ø3
3,5
15
22
3,5
Ø4
Ø4
Pos. 7.13
Ø3
36,5
43,5
M3
Ø4
Pos. 7.14
Pos. 7.16
Ø4
2
18
Rohr 4x0,5
Kompletter Pumpkolben
31,5
45,5
Pos. 7.20 u. 7.19 mit 7.18 weich verlötet
Pos. 7.13 mit 7.15 weich verlötet
Baugruppe 7 Luftpumpe

Baugruppe 7 Luftpumpe

Pos. 7.22

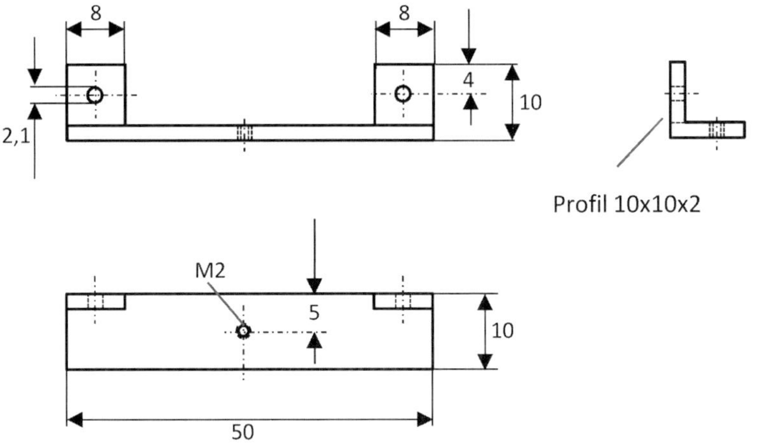

Pos. 7.21

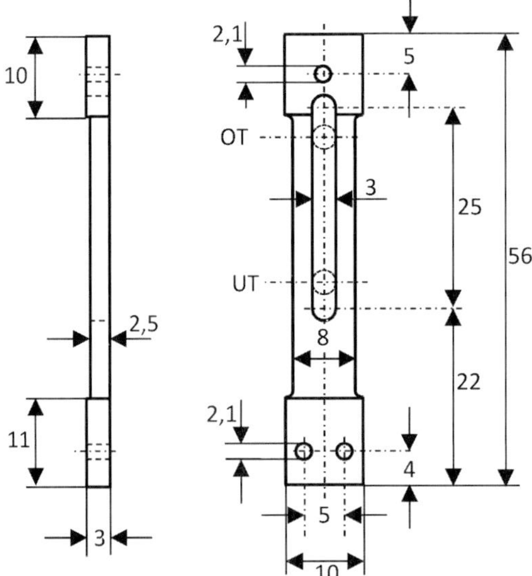

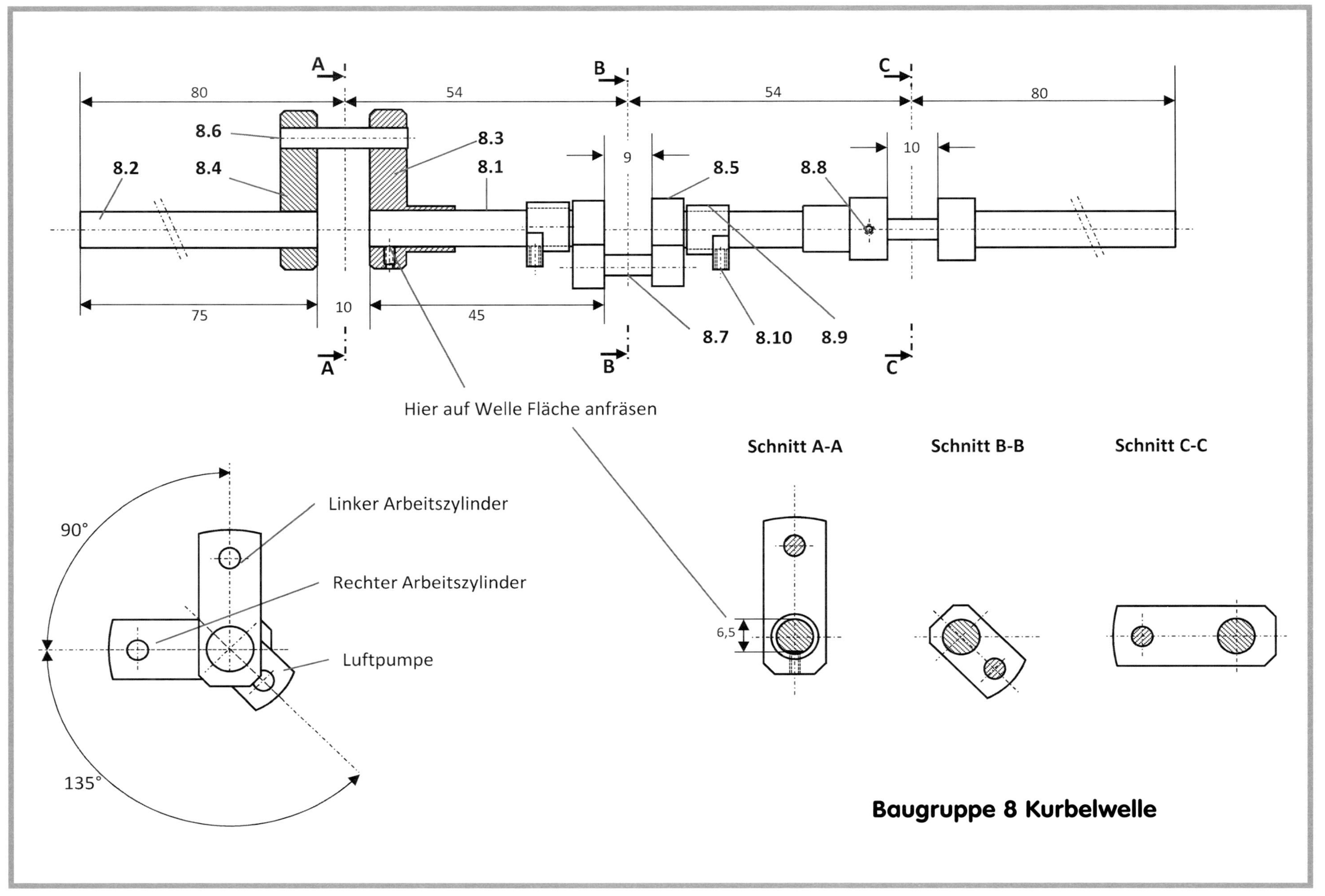
A
B
C
80
54
54
80
8.6
8.3
8.2
8.4
8.1
9
10
8.5
8.8
75
10
45
8.7
8.10
8.9
Hier auf Welle Fläche anfräsen
Schnitt A-A
Schnitt B-B
Schnitt C-C
Linker Arbeitszylinder
90°
Rechter Arbeitszylinder
6,5
Luftpumpe
135°
Baugruppe 8 Kurbelwelle

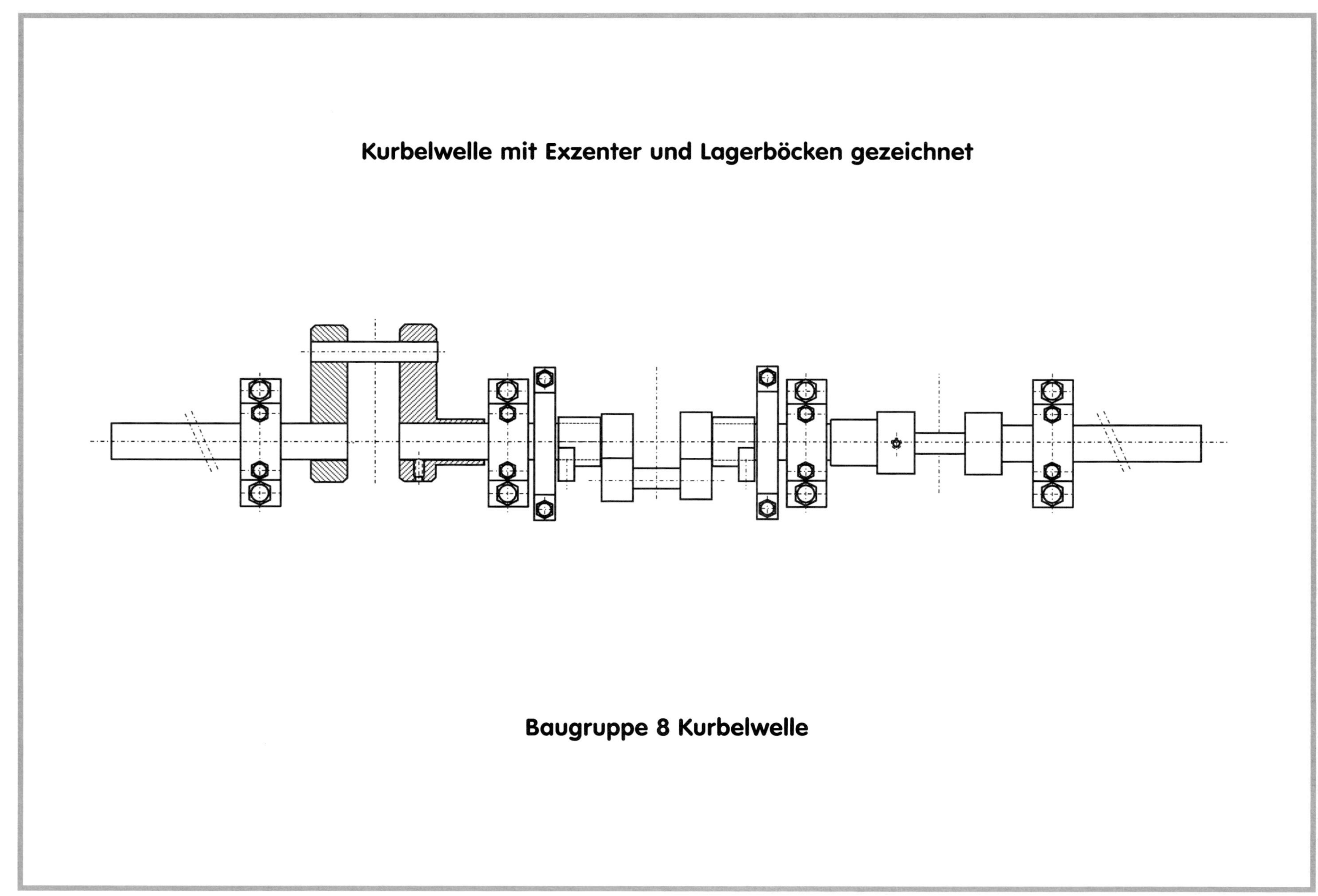
Kurbelwelle mit Exzenter und Lagerböcken gezeichnet
Baugruppe 8 Kurbelwelle

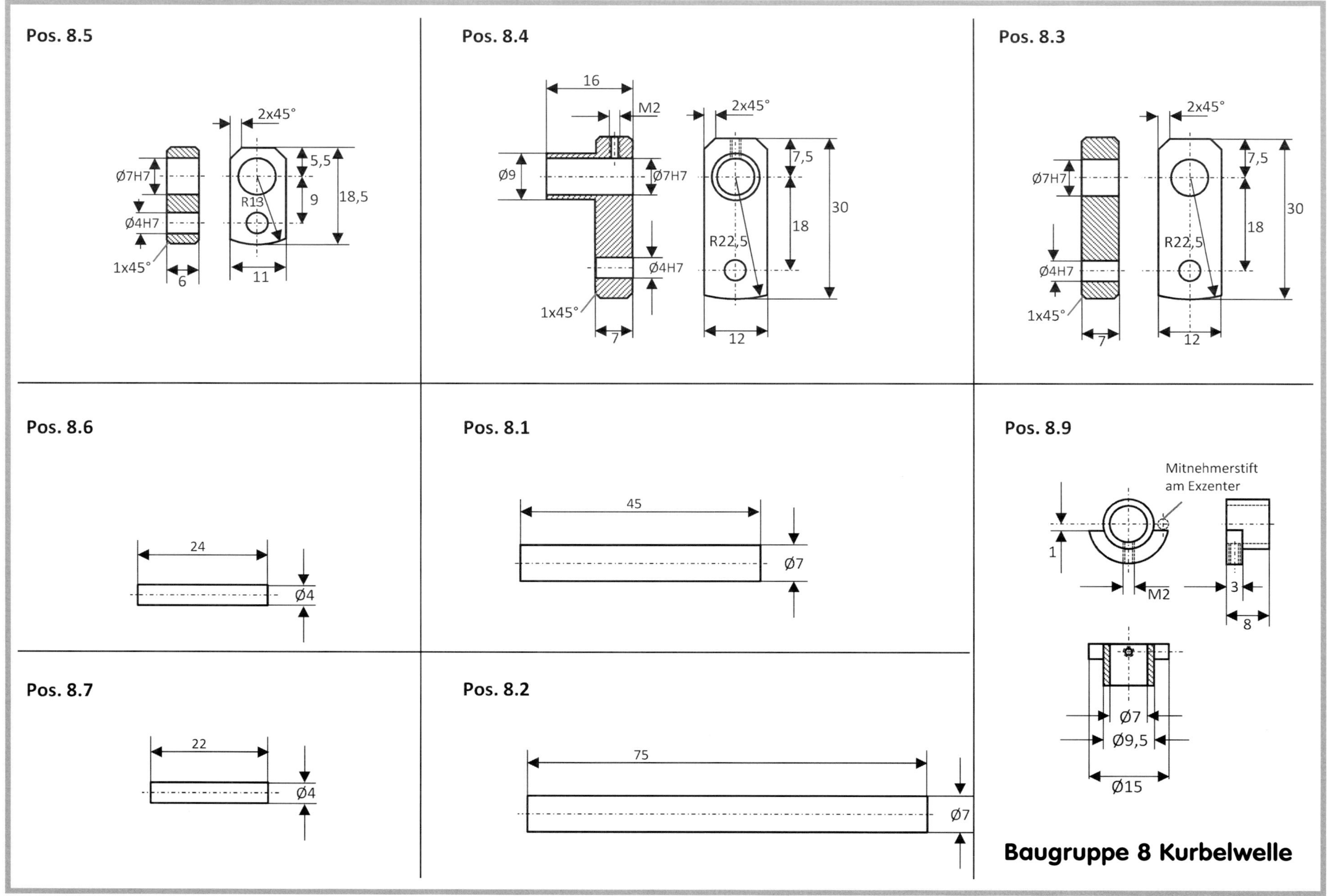
Pos. 8.5
2x45°
Ø7H7
Ø4H7
1x45°
5,5
9
18,5
R13
6
11
Pos. 8.4
16
M2
2x45°
Ø9
Ø7H7
7,5
18
30
R22,5
Ø4H7
1x45°
7
12
Pos. 8.3
2x45°
Ø7H7
7,5
18
30
R22,5
Ø4H7
1x45°
7
12
Pos. 8.6
24
Ø4
Pos. 8.1
45
Ø7
Pos. 8.9
Mitnehmerstift
am Exzenter
1
M2
3
8
Ø7
Ø9,5
Ø15
Pos. 8.7
22
Ø4
Pos. 8.2
75
Ø7
Baugruppe 8 Kurbelwelle

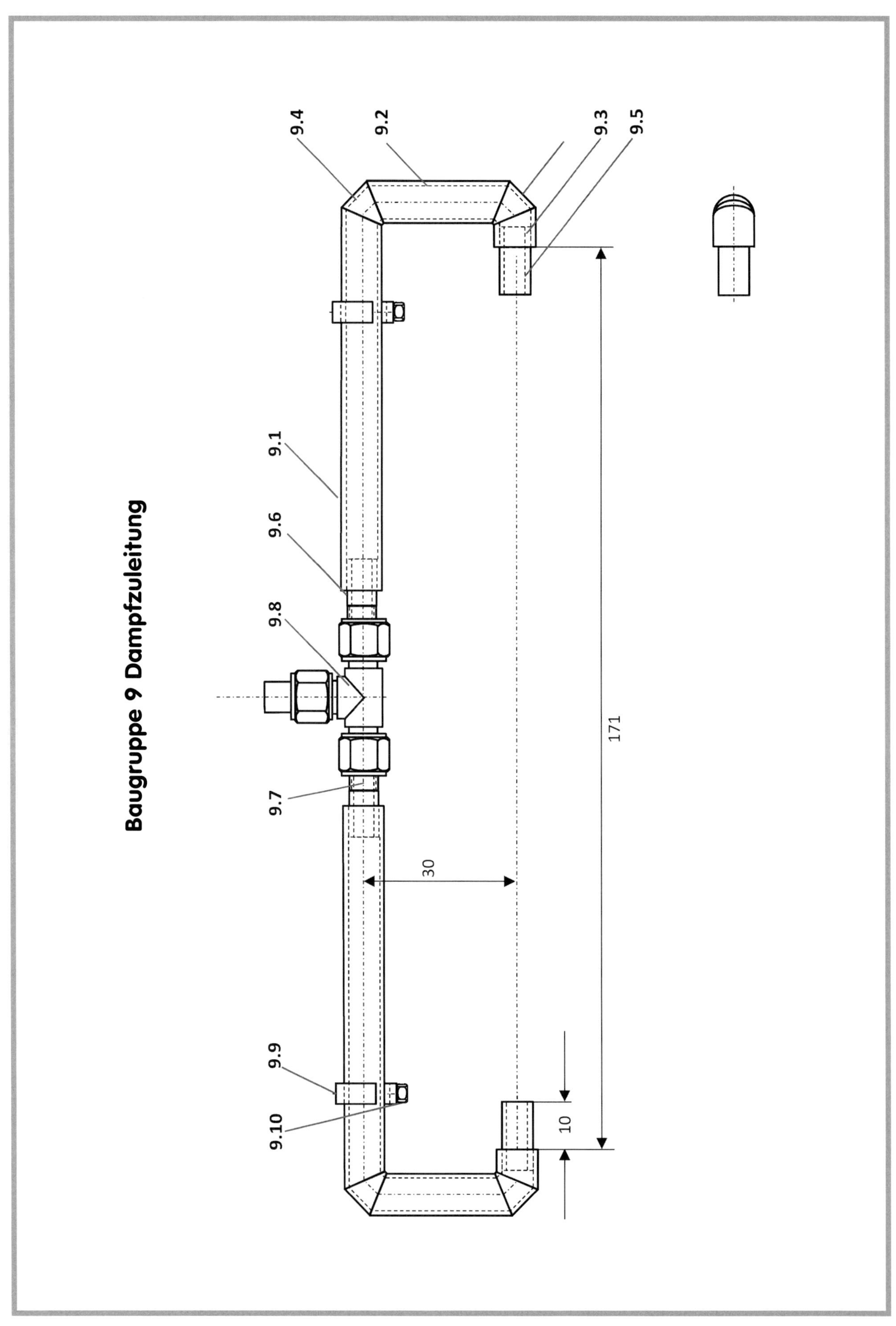
Baugruppe 9 Dampfzuleitung
9.4
9.2
9.3
9.5
9.1
9.6
9.8
9.7
9.9
9.10
171
30
10

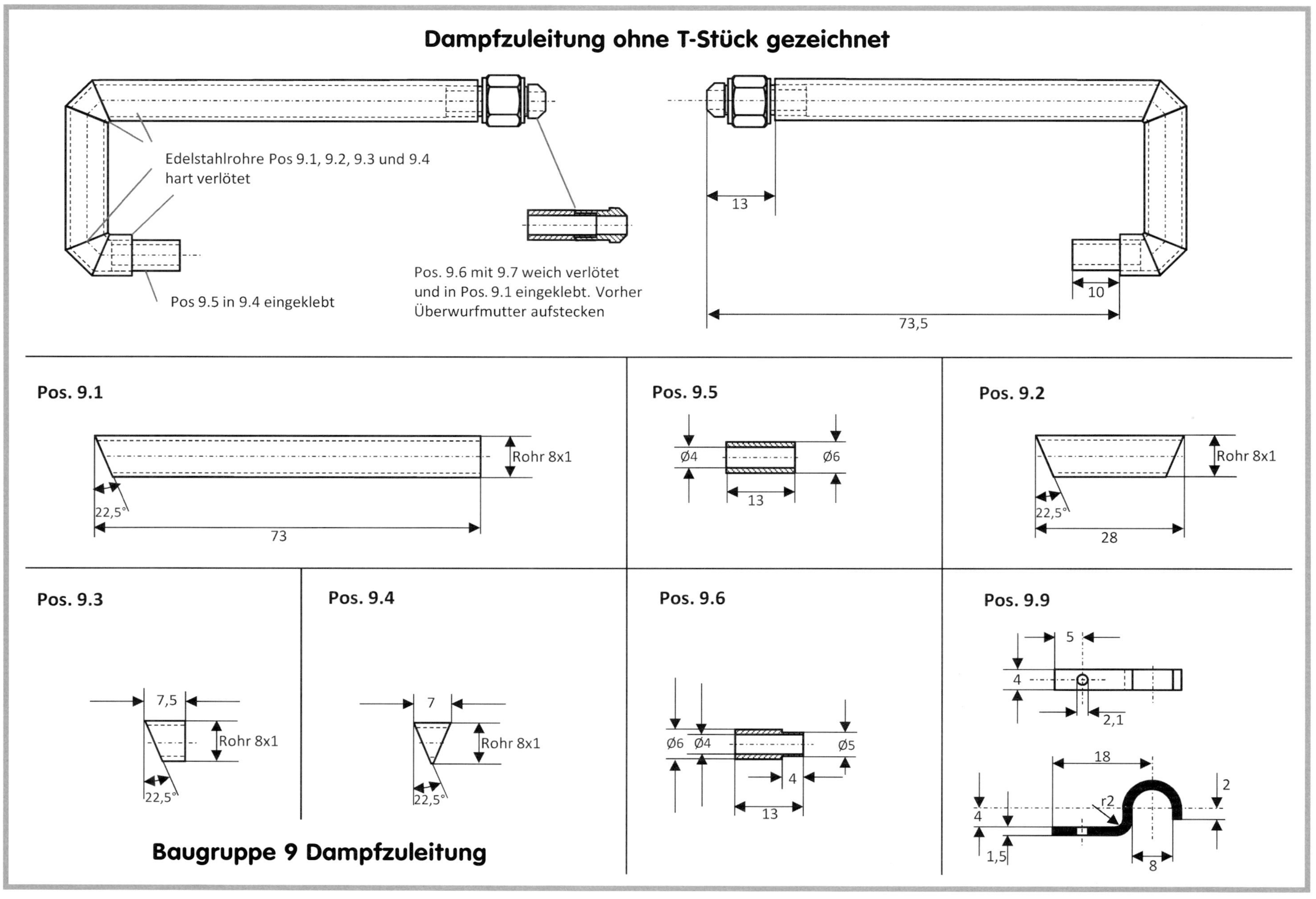
Dampfzuleitung ohne T-Stück gezeichnet
Edelstahlrohre Pos 9.1, 9.2, 9.3 und 9.4
hart verlötet
Pos 9.5 in 9.4 eingeklebt
Pos. 9.6 mit 9.7 weich verlötet
und in Pos. 9.1 eingeklebt. Vorher
Überwurfmutter aufstecken
13
10
73,5
Pos. 9.1
Rohr 8x1
22,5°
73
Pos. 9.5
Ø4
Ø6
13
Pos. 9.2
Rohr 8x1
22,5°
28
Pos. 9.3
7,5
Rohr 8x1
22,5°
Pos. 9.4
7
Rohr 8x1
22,5°
Pos. 9.6
Ø6
Ø4
Ø5
4
13
Pos. 9.9
5
4
2,1
18
2
r2
4
1,5
8
Baugruppe 9 Dampfzuleitung

Literaturhinweise:

„Die Entwicklung der Dampfmaschine“, Kapitel VIII „Die Schiffsdampfmaschine“, Seite 628 ff., von C. Matschoß, Springer Verlag 1908

„Oszillating Steam Engine by John Penn & Sons in the Steamer Diesbar“, Festschrift von der ASME zum Anlass „Historic Mechanical Engineering Landmark“

„Dampfschiffahrt auf der Sächsischen Elbe“ von H. Fischer, in „Der Civilingenieur“, Ausgabe 1870

„Bohemia I in Böhmen Diesbar II in Sachsen, Zwei Schiffe mit derselben Dampfmaschine“ von J. Hirsch, M. Bor, W. Mahr, in „Dampferzeitung“, Ausgabe 1/1994

„Die Sächsische Dampfschifffahrtsgesellschaft“ von B. Rübenach in „Journal Dampf & Heißluft“ ,Ausgabe 3/ 2014

„Handbuch Modell Dampfmaschinen“ von R. van Dort/J. Oegema, Neckar Verlag

Flyer und Internet-Präsentation „Sächsische Dampfschiffahrts-GmbH & Co. Conti Elbschiffahrts KG“

www.saechsische-dampfschiffahrt.de

Fotonachweise:

Seite 5 Bernd Hutschenreuther

Seite 7 DGM-R. Lahmann

Alle anderen Fotos: Josef Reineck

Bezugsnachweise für Materialien:

Halbzeug aus Messing und Bronze, Edelstahlrohre, Silberstahlstangen / Willms Metalle / Köln

Messingrohre / Alu-Messing-Shop / Metelen

Modellbauschrauben, Verschraubungen, Zubehör / Bengs Modellbau / Bückeburg

Lötutensilien / Rexin-Löttechnik / Holler

O-Ringe, Dichtungsmaterial / HUG Industrietechnik / Ergolding

Dank an:

Angelika für Geduld und Korrektur,

Christoph für Rat, Tat und Equipment,

Jo für nützliche Hinweise zum Computern.

DAMPF 43

Auslegung von (Modell-) Dampfmaschinen

Umfang	124 Seiten
Format	DIN A4
Best-Nr.	**16-2016-01**
Preis	**€ 22,50 [D]**

Dampf 43 richtet sich sowohl an interessierte Neueinsteiger sowie auch an alle „alten Hasen“, die gerne tiefer in die Materie technisch-physikalischer Zusammenhänge im Steuerungsbereich einsteigen möchten.

Das Buch liefert einen Überblick über die vielfältigen Maschinen- und Steuerungsvarianten von (Modell-)Dampfmaschinen. Beschreibungen des Kreisprozesses einer Kolbendampfmaschine helfen, die Dimensionierungsgrundlagen zu vermitteln. Darauf aufbauend folgt die Berechnung der Kanal- und Schieberabmessungen, die Zusammenhänge werden zudem durch Schieberdiagramme aufgezeigt. Die Theorie wird anhand einer anschaulichen Baubeschreibung sowie eines vollständigen Zeichnungssatzes für eine funktionierende Modelldampfmaschine in die Praxis umgesetzt.